U0328720

— 大学之道 —

Centers of Learning
Britain, France, Germany, United States

学术的中心
英法德美

[以] 约瑟夫 · 本-戴维（Joseph Ben-David） 著
沈文钦 陈洪捷 秦琳 译

北京大学出版社
PEKING UNIVERSITY PRESS

著作权合同登记号 图字：01-2015-7866

图书在版编目（CIP）数据

学术的中心：英法德美 /（以）约瑟夫·本－戴维著；沈文钦，陈洪捷，秦琳译．-- 北京：北京大学出版社，2024. 11. --（大学之道丛书）.

ISBN 978-7-301-35516-9

Ⅰ. G30

中国国家版本馆 CIP 数据核字第 2024EF5945 号

书　　名　学术的中心：英法德美
　　　　　XUESHU DE ZHONGXIN：YING-FA-DE-MEI
著作责任者　［以］约瑟夫·本－戴维（Joseph Ben-David）著　沈文钦　陈洪捷　秦琳 译
丛 书 策 划　周雁翎
丛 书 主 持　周志刚　张亚如
责 任 编 辑　周志刚
标 准 书 号　ISBN 978-7-301-35516-9
出 版 发 行　北京大学出版社
地　　址　北京市海淀区成府路 205 号　100871
网　　址　http://www.pup.cn　　新浪微博：@ 北京大学出版社
微信公众号　通识书苑（微信号：sartspku）科学元典（微信号：kexueyuandian）
电 子 邮 箱　编辑部 jyzx@pup.cn　　总编室 zpup@pup.cn
电　　话　邮购部 010-62752015　发行部 010-62750672
　　　　　编辑部 010-62753056
印 刷 者　北京中科印刷有限公司
经 销 者　新华书店
　　　　　650 毫米 ×980 毫米　16 开本　17.25 印张　200 千字
　　　　　2024 年 11 月第 1 版　2024 年 11 月第 1 次印刷
定　　价　78.00 元（精装版）

目　录

危机时代学术中心体系的历史比较分析
——《学术的中心》评述

一、本-戴维的生平

约瑟夫·本-戴维（Joseph Ben-David，1920—1986）出生于匈牙利一个犹太人家庭，家里从事印刷和出版行业。1939年，本-戴维从文法中学毕业，随后在父亲经营的工厂做印刷学徒工。之后，本-戴维决定移民到巴勒斯坦，而他的家人大多留在匈牙利，在大屠杀中遇难。[①]1941年，本-戴维获得移民许可证，远赴耶路撒冷接受高等教育，在希伯来大学（The Hebrew University of Jerusalem）完成学业，获得历史学学士学位。毕业后，本-戴维在当地从事社会工作，因工作出色获得英国政府提供的奖学金，1947—1948年间赴伦敦政治经济学院（The London School of Economics and Political Science，简称LSE），进一步学习社会学、统计学方法等知识。当时著名社会学家爱德华·希尔斯（Edward Shils）在伦敦政治经济学院担任客座教授，本-戴维参与了他的研讨班。向希尔斯求学的这段经历对本-戴维的学术生涯发展帮助甚大，希尔

① Freudenthal, G., & Heilbron, J. L. (1989). Eloge: Joseph Ben-David, 19 August 1920–12 January 1986. *News of the Profession*, 80 (304), 659–663.

斯后来一直不遗余力地提携本－戴维。在希尔斯创办《密涅瓦》（*Minera*）杂志后，本－戴维的不少文章都发表在这个杂志上。1977 年，本－戴维和克拉克（T. N. Clark）联合主编了《文化及其创造者：爱德华·希尔斯纪念文集》（*Culture and Its Creators: Essays in Honor of Edward Shils*）一书[①]，向希尔斯表达敬意。

1949 年，本－戴维返回以色列，在社会福利部工作，同时到希伯来大学继续攻读研究生学位，先后获得社会学的硕士（1950）和博士（1955）学位。本－戴维的博士学位论文题目是"以色列职业的社会结构"（*The social structure of the professions in Israel*），其论文指导老师是著名社会学家艾森斯塔特（S. N. Eisenstadt）。[②]博士毕业后，本－戴维回到伦敦政治经济学院从事博士后工作，其后再次回到以色列。1951 年，在攻读博士学位期间，本－戴维成为希伯来大学社会学系的研究助理，从那时起到他逝世为止，本－戴维一直任教于耶路撒冷的希伯来大学，并曾担任该校的社会学系教授以及科学、技术与医学的哲学与历史研究中心主任。

由于希尔斯等人的关系，本－戴维与美国学术界之间一直保持着密切的联系。1957—1958 年，本－戴维获得塔尔科特·帕森斯（Talcott Parsons）的推荐，到斯坦福大学行为科学

---

① Ben-David, J., & Clark, T. N. (Eds.). (1977). *Culture and Its Creators: Essays in Honor of Edward Shils*. Chicago: University of Chicago Press.

② 弗霍伊登塔尔，张明悟 . 本–大卫的生平和工作 [J]. 科学文化评论，2007 (03): 74—97.

研究所做访问学者，其间接触了也在此地访学的帕森斯、米尔顿·弗里德曼（Milton Friedman）等社会科学家。在斯坦福大学期间，弗里德曼推崇自由市场、竞争市场的思想对本－戴维产生了影响。日后在解释科学中心从法国向德国、美国转移时，他就非常强调分权和竞争的作用。①

1964—1965 年，本－戴维担任伯克利加州大学的访问教授，其间兰德尔·柯林斯（Randall Collins）担任他的研究助手。②本－戴维有两篇论文是和柯林斯合作发表的。从 1968 年起，除了在希伯来大学任教外，本－戴维还被芝加哥大学聘用，起初担任访问教授，从 1979 年起担任教育与社会学系的教授。在此后的二十多年中，本－戴维任教于美国的芝加哥大学和耶路撒冷的希伯来大学，长期在两地频繁往返，教授社会学与教育课程。同时，他在组织协调以色列的高等教育研究方面也发挥了重要作用。1980—1981 学年，在希伯来大学和范里尔耶路撒冷基金会（Van Leer Jerusalem Foundation）的支持下，本－戴维组织了一个有关高等教育问题与科学问题研究的研讨会，研讨会每两周举行一次。③

本－戴维在科学社会学领域获得了广泛的认可，1985 年获得美国科学社会学学会的伯纳尔奖（Bernal Prize）。默顿学派

① Schott, T. (1993). The Movement of Science and of Scientific Knowledge: Joseph Ben-David's Contribution to Its Understanding. *Minerva*, *31* (4), 455–477.

② Collins, R. (1986). In Memoriam: Joseph Ben-David, 1920–1986. *Science & Technology Studies*, *4* (2), 38–40.

③ Ben-David, J. (1983). Research on Higher Education in Israel. *Higher Education in Europe*, *8* (1), 76–79.

的斯托勒（Norman W. Storer）教授把本-戴维列为科学社会学研究中与默顿传统无关的三位代表人物之一，其他两位是托马斯·库恩（Thomas Kuhn）和德里克·普赖斯（Derek Price）。本-戴维的名著《科学家在社会中的角色》（*The Scientist's Role in Society: A Comparative Study*）在20世纪80年代末被译成中文，产生了一定的学术影响。科学哲学家约瑟夫·阿加西（Joseph Agassi）在《科学与社会》（*Science and Society: Studies in the Sociology of Science*）一书中则将默顿与本-戴维并列，视他们为“当代最活跃的两位科学社会学家”[①]。

进入20世纪80年代后，本-戴维逐渐疏离了当时的科学社会学研究潮流。他对当时新兴的爱丁堡学派所主张的“强纲领”的科学社会学研究持保留意见。他对于科学社会学研究领域从分析科学角色转向分析科学知识的社会性感到不满。[②]他崇尚科学知识的客观性，认为知识的有效性和国界无关，科学知识的真伪与否不是社会学所能解释的。[③]本-戴维认为，17世纪以来的科学革命是一系列制度变革所导致的，其中的关键因素是有组织的科学研究的兴起，尤其是研究型大学的兴起，这为从事科学研究的学者提供了一个相对隔离的空间。

除了科学社会学，本-戴维在高等教育研究领域也有很大的影响，其在高等教育方面的著作有《基础研究与大学：国

① Agassi, J. (1981). *Science and Society: Studies in the Sociology of Science*. London: D. Reidel Publishing Company, 178.

② Westrum, R. (1986) Obituary: Joseph Ben-David (1920-86): Sociologist of Science and of Higher Education. *Social Studies of Science*, *16* (3), 565–567.

③ Shils, E. (1987). Joseph Ben-David: A Memoir. *Minerva*, *25* (1), 201–205.

际差异的评价》（*Fundamental Research and the Universities: Some Comments on International Differences*）、《美国高等教育：新与旧的方向》（*American Higher Education: Directions Old and New*）、《学术的中心：英法德美》（*Centers of Learning: Britain, France, Germany, and the United States*）、《美国高等教育的趋势》（*Trends in American Higher Education*）[①]等，其中影响最大的是《学术的中心：英法德美》一书（以下均简称为《学术的中心》）。

《学术的中心》一书初版于1977年，1992年再版。该书具有经久不衰的学术价值。20世纪80年代该书被译成日文，书名为“学术的中心”。本－戴维相信，很多现实的问题都有其历史的根源，并能从历史之中找到解释，从而为现实的政治决策提供参考。从这个角度讲，该书对于理解当代大学的问题也具有重要的参考价值。

二、论学术中心的转移

《学术的中心》一书是克拉克·克尔（Clark Kerr）主持下的卡耐基教育委员会策划的高等教育丛书中的一种，也是该丛书的压卷之作。在科学社会学、比较高等教育领域，本－戴维是当时屈指可数的几位学者之一。因此，当克拉克·克尔试图找人写一本对各国学术系统进行比较的著作时，自然而然地想到了本－戴维。

① Ben-David, J. (1981). *Trends in American Higher Education*. Chicago: University of Chicago Press.

本-戴维在序言中指出，该书所关心的核心问题是“不同国家学术系统的相对效率”。本-戴维之所以提出这一问题，是因为当时学生运动、经济衰退的连续打击，使得学者认为西方的高等教育系统处于危机之中，“在许多学术圈中盛行的危机感和失范感”[①]。克拉克·克尔也在1978年的论文中慨叹“高等教育的黄金时代已经结束”[②]。

本-戴维在20世纪50年代末开始了学术中心转移问题的分析。在1960年发表的一篇论文中，本-戴维比较了1800—1926年期间英、法、德、美四个国家在医学领域的科学发现的数量变化情况。他发现，在1800—1829年，法国在医学领域的科学发现数量排名第一；1830—1909年，德国超过法国位居第一；1910—1926年，美国在医学领域的科学发现最多。那么，如何解释医学的领导地位从法国转到德国、再转移到美国？经过比较之后，本-戴维指出，人口和国家财富不能解释医学领域科研创新能力的变化，真正的原因在于科学组织方式的不同，分权化的科研组织和竞争才是德国和美国先后领先的原因。对比法国和德国，两国根本差异在于前者是集权化的科研体制，后者则是分权化的科研体制。[③]

---

① Ben-David, J. (1992). *Centers of Learning: Britain, France, Germany and the United States*. New Brunswick, New Jersey: Transaction Publishers, 180. 见本中译本正文第209页。

② Kerr, C. (1978). Higher Education: Paradise Lost?. *Higher Education*, *7* (3), 261–278.

③ Ben-David, J. (1960). Scientific Productivity and Academic Organization in Nineteenth Century Medicine. *American Sociological Review*, *25*(6), 828–843.

1970 年，本-戴维发表了《法国作为科学中心的兴起与衰落》（The Rise and Decline of France as a Scientific Centre）一文。[①] 本-戴维认为，法国科学在 1800—1830 年间兴起的原因不是由于当时法国出现了新的教育或科研观念，这一进步是"持续支持科学"以及法国人对科学职业的热情的结果。1830 年后，法国科学走向衰落的一个原因是科学职业失去了在 18 世纪曾有的"象征性魅力"，有才华的年轻人更愿意选择政治、商业等实利性职业，而不是选择做科学家。[②] 1971 年出版的《科学家的社会角色》一书是本-戴维影响最大的一本著作，在这本书中，本-戴维指出了现代科学中心经历了从意大利（16 世纪），到英国（17 世纪）和法国（18 世纪），再转移到德国（19 世纪）和美国（20 世纪 30 年代之后）的过程。根据本-戴维的看法，科学中心的兴起不取决于人口或经济状况，而主要取决于社会对科学的态度以及对科学的制度安排。例如 17 世纪英国成为科学中心的重要原因是当时的英国人越来越尊重科学研究工作，科学研究成了制度化的工作，而德国在 19 世纪的崛起则与其分权化的科学竞争体制有关。[③]

根据本-戴维的论述，美国大学在第一次世界大战之后逐渐取代德国成为世界学术中心。一些统计数据也印证了本-戴

① Ben-David, J. (1970). The Rise and Decline of France as a Scientific Centre. *Minerva*, *8* (1–4), 160–179.

② Ben-David, J. (1970). The Rise and Decline of France as a Scientific Centre. *Minerva*, *8* (1–4), 160–179.

③〔以色列〕本-戴维 . 科学家在社会中的角色 [M]. 赵佳苓译 . 成都：四川人民出版社，1988: 147.

维的判断。到 1918 年，23% 的诺贝尔奖成果是在美国作出的，29% 的诺贝尔奖成果是在德国作出的，德国仍然稍微领先。但到了 1934 年，美国已经明显超过德国，35% 的诺贝尔奖成果是在美国做出的，而德国则下降到了 6%。[①]

同解释德国大学与科学崛起的思路类似，本-戴维也更加倾向于从制度结构与组织的层面解释美国科学的优势地位："美国科学的制度结构和组织与欧洲国家的制度结构和组织的比较，在一定程度上证实并解释了定量指标所显示的美国科学优势。"[②]

本-戴维认为，美国科学制度的结构优势主要表现在以下几个方面。第一，美国的高等教育体系也是分权和竞争的，而且分权和竞争的程度要高于德国。20 世纪初，德国大学的扩张已经受限于制度的约束，变得裹足不前，新成立于 1911 年的威廉皇帝学会也未能完全解决这一问题，反而促进了教学与研究的分离。相比之下，20 世纪初期的美国大学体系在科学研究上仍存在很大的扩张空间，很多大学还没有转型为研究型大学，整个体系富有活力。同时，美国学术界对市场的反应更加敏感，更加致力于追求有用的知识并寻求私人基金的资助。第二，除了分权和竞争的高等教育体系，相比于欧洲国家，美国大学的学系制度是一个明显的比较制度优势。德国大学实行

① Schott, T. (1998). Ties between Center and Periphery in the Scientific World-system: Accumulation of Rewards, Dominance and Self-reliance in the Center. *Journal of World-Systems Research*, *4* (2), 112–144.

② Ben-David, J. (1980). US Science in International Perspective. *Scientometrics*, *2*, 411–421.

讲席教授制度，一个学术研究领域往往只有一个教授，这使得高等教育与科研的组织呈现出“个体主义和权威主义”的色彩。相反，美国大学实行学系制度，一个学科允许有多个教授，并无数量限制，而且教授、副教授、讲师之间处于平等地位，这使得美国大学的学术扩张没有组织障碍，新的学科领域和研究方向得到发展，也能更有效地组织合作性的研究项目。[①]第三，美国大学有一大批出身学术但已基本不从事学术研究的学术管理者。而在欧洲，大学是由外行的管理者和教师代表共同管理的。[②]

在本-戴维看来，在第二次世界大战之后，欧洲的大学体系在制度层面不仅已经落后于美国大学体系，甚至落后于当时的苏联。原因在于，美国和苏联都发展出了更加复杂和分化的高等教育体系，以应对高等教育和研究系统的多样性：学术性教育与实用性教育、基础研究与应用研究。[③]

三、中心与边缘的关系

在《科学家在社会中的角色》一书中，本-戴维已经对科学中心依次在英国、法国、德国、美国之间进行转移的过程及

① Ben-David, J. (1980). US Science in International Perspective. *Scientometrics*, *2*, 411–421.

② Ben-David, J. (1980). US Science in International Perspective. *Scientometrics*, *2*, 411–421.

③ Ben-David, J., & Zloczower, A. (1962). Universities and Academic Systems in Modern Societies. *European Journal of Sociology/Archives Européennes de Sociologie*, *3*(1), 45–84.

其原因进行了精辟的历史分析。因此，1977年出版的《学术的中心》一书不再关注学术中心的转移问题，而是聚焦于其他两个相关的问题。第一，法国、德国、英国、美国这四个学术中心国家如何处理专业教育与通识教育的关系、教学与研究的关系等基本问题，在大学功能的处理模式中，几个中心国家的优劣各是什么。第二，其他非中心国家如何处理与学术中心国家的关系。

在对第二个问题的思考当中，本－戴维深受希尔斯所提出的“中心－边缘”（center-periphery）概念的影响。1961年，希尔斯在《学术共同体中的都市与行省》（*Metropolis and Province in the Intellectual Community*）一文中最早提出“中心－边缘”概念，借助这一概念，他试图解释印度知识界和西方知识界之间的关系。①

由于本－戴维与希尔斯关系密切，所以他很早就了解了希尔斯的这一学术思想。在1962年发表的《以色列与美国的科学事业》（*Scientific Endeavor in Israel and the United States*）一文中，本－戴维引用了希尔斯的《学术共同体中的都市与行省》一文，并使用了希尔斯的“中心－边缘”概念来分析美国与以色列之间的学术关系，指出美国成为世界学术中心后，以色列在学术模式上从欧洲转向美国，并大量派遣留学生到美国

① Shils, E. (1961), Metropolis and Province in the Intellectual Community. In Sovani, N. V., & Dandakar, V. M. (Ed.), *Changing India, Bombay: Asia Publishing* Co., 275–294.

进修。[①] 而且，在本－戴维看来，18 世纪以来国家之间的学术关系都深受“中心－边缘”框架的影响：

在当今条件下，包括科学在内的所有人类活动都在国家框架内进行，但这些框架彼此之间并不独立。它们的相互依赖在不同领域有不同的形式，至少从 18 世纪甚至更早开始，科学和学术领域几个最重要的关系之一可以用大都市及其边缘地区来描述。[②]

在《科学家的社会角色》一书中，本－戴维进一步分析了中心和边缘之间的关系：

在学术中心……科学的社会结构建立在上一个中心的基础之上……在其他地方，所发生的则是对中心的回应、模仿、抵抗或者竞争。由于世界的科学共同体的统一性，边缘国家的成员以中心国家的情况作为参照系，以此思考他们自身的工作状况。[③]

在《学术的中心》一书中，本－戴维再次阐发了他对中心和边缘关系的思考。他指出，不处于世界学术中心的国家，只有向学术中心开放，保持和学术中心的交流，才能提高自己的高等教育和研究水平。他认为，这是荷兰、瑞士等人口规模相对小的国家保持卓越的教育水准并拥有一流大学的主要原因。[④]

---

① Ben-David, J. (1962). Scientific Endeavor in Israel and the United States. *American Behavioral Scientist*, *6*(4), 12−16.

② Ben-David, J. (1962). Scientific Endeavor in Israel and the United States. *American Behavioral Scientist*, *6*(4), 12−16.

③ Ben-David, J. (1971). *The Scientist's Role in Society: A Comparative Study* (*1st edition*). Upper Saddle River, NJ: Prentice Hall, 19.

④ Ben-David, J. (1992). *Centers of Learning: Britain, France, Germany and the United States*. New Brunswick, New Jersey: Transaction Publishers, 6. 见本中译本正文第 6 页。

托马斯·肖特（Thomas Schøtt）对丹麦、以色列两个国家数学学科的分析也印证了本-戴维的观点。[①]本-戴维甚至认为，每一个时期学术中心国家的语言都会成为科学的国际语言，在科学研究方面，应当采用国际语言进行思考和讨论：

在经验科学和数学领域，采用本国语言成了一种责任。这些领域是国际性的，需要有一门所有人都能理解的语言，而且从古代以来，就存在着这样一门语言。最初是希腊语，后来是阿拉伯语，再后来则是拉丁语、意大利语、法语、德语和英语。那些学习和实践科学的人，一旦跨越了初级阶段就需要精通当前的国际语言。或许，用各种当地语言进行通俗的科学研究是可能的，用母语思考和讨论科学问题也可能提升个人的创造力，这样，使用本国语言就将对本土科学的水平及国际地位，最终对整个群体的文化地位作出贡献。但是，并没有明确的证据支持这一点。另一方面，“民族化”的科学可能变得落后而狭隘，对整个群体而言弊大于利。19 世纪早期德国的浪漫主义自然哲学的传播就是一个例子，这是对“法国式”定量、精确的方法的反动；此外，极端文化沙文主义的苏联李森科学说（Lysenkoism）的兴起也是一个例子。[②]

甚至在人文社会科学领域，本-戴维也不赞同完全采用本

---

① Schøtt, T. (1987). Scientific Productivity and International Integration of Small Countries: Mathematics in Denmark and Israel. *Minerva*, *25*(1–2), 3–20.

② Ben-David, J. (1992). *Centers of Learning: Britain, France, Germany and the United States*. New Brunswick, New Jersey: Transaction Publishers, 149. 见本中译本正文第 173—174 页。

土语言和本土标准：

将文学、文学史和社会研究民族化，其正当性是显而易见的。成为一个用外语写作的作家比用母语写作要困难得多。此外，对文学和历史文献，或者是现存的社会问题的研究，要求掌握本国语言。进一步说，在这些领域广泛存在着对文学和学术的工作成果感兴趣的外行群体，他们仅仅精通本国语言。

但是，这并不代表基于本国语言的教育对整个群体来说是明确的幸事——即使在前文提到的这些领域中。本国的文学和历史传统可能十分贫乏，在这样的情况之下，其学术化可能会使薄弱的标准和狭窄的视野受到不应有的重视。因此，在这些领域，比起能够带来本土文化地位提升的短期福祉，长期的智识上的伤害或许更大。

决定学术生活的民族化能否对文化质量有所贡献的条件是，本国的知识分子能否在与世界大都市的同行们的竞争中证明自己，并在民族化之前就达到国际水平。①

当然，本-戴维也认识到学术中心国与学术边缘国之间的关系并不是一个单向的从中心向边缘施加影响的过程。学术边缘国也会通过人员输送等方式影响学术中心国，而且由于身处边缘地位，学术边缘国可以有效避免中心国流行的一些时尚和特质，并有所创新，进而影响中心国。例如，在历史上，瑞士科学家在德国从自然哲学范式转向实验科学范式中发挥了重要

① Ben-David, J. (1992). *Centers of Learning: Britain, France, Germany and the United States*. New Brunswick, New Jersey: Transaction Publishers, 150. 见本中译本正文第 174—175 页。

作用，加拿大科学家在推动英国发展现代临床医学研究中发挥了重要作用。[①] 总而言之，本-戴维注意到，非学术中心国家也可能在个别领域突破成为该领域的学术中心，例如丹麦的哥本哈根大学曾经短暂地成为理论物理学的世界中心。[②]

20 世纪 70 年代是欧美高等教育陷入危机的时代，本-戴维在写作《学术的中心》一书时，欧美大学尚未彻底走出这个危机。但是，本-戴维认为，直到那时，欧美在高等教育上的领导地位仍然没有受到任何大的挑战，其他国家的高等教育体系仍然只是对欧美高等教育体系的模仿，那些宣称其高等教育体系在文化上独立于欧美的做法在他看来只是意识形态的策略。[③]

作为学术小国以色列的一名学者，本-戴维更多以仰视的态度看待居于中心的西方学术体系，因而更加强调边缘国家要被整合进西方学术体系。如此一来，他对亚洲大学体系的前途也更加悲观。不过，20 世纪 90 年代以来，日本科学家屡获诺贝尔奖，尽管其科研实力仍然无法与美国抗衡，但在很多方面已经不输于法国、德国等高等教育强国。从这个意义上

① Ben-David, J. (1962). Scientific Endeavor in Israel and the United States. *American Behavioral Scientist*, *6*(4), 12−16.

② Ben-David, J. (1992). *Centers of Learning: Britain*, *France*, *Germany and the United States*. New Brunswick, New Jersey: Transaction Publishers, 6. 见本中译本正文第 7 页。

③ Ben-David, J. (1992). *Centers of Learning: Britain*, *France*, *Germany and the United States*. New Brunswick, New Jersey: Transaction Publishers, 3. 见本中译本正文第 4 页。

讲,《学术的中心》的一个盲点是没有预料到日本高等教育的崛起。1970 年 1 月 11—24 日，经济合作与发展组织（OECD）派了 5 名专家到日本考察该国的教育政策，本-戴维是其中之一。1972 年，本-戴维在《科学与大学系统》中提到，日本到 20 世纪 60 年代才具有重要性，这时日本“开始发展成为一个独立的科学中心”。①1973 年，日本的国际论文数量已经达到 14265 篇，位居世界第六，与排名第五的法国非常接近（15102 篇）。②1982 年,《学术的中心》被翻译成日文，译者是当时日本教育部的高级官员天城勋（Isao Amagi）。③在《学术的中心》中，本-戴维有几处提到日本，但并没有将其看做一个非常有前途的高等教育体系。本-戴维认为，日本高等教育的前途是比较模糊的，因为它对融入国际学术中心的态度比较摇摆。然而，从今日视之，日本高等教育在某些方面已经成为中心之一。1901—2015 年，日本有 21 名科学家在物理学、化学、生理学或医学领域获得诺贝尔奖，位于美国、英国、德国和法国之后；2001—2015 年，日本在物理学、化学、生理学或医学领域的诺贝尔奖获得者有 15 人，仅次于美国。但是，日本学术界的自我评估是相对谦逊的。日本高等教育研究学者有本章在

---

① Ben-David, J. (1972). Science and the University System. *International Review of Education*, 44−60.

② Davidson Frame, J., Narin, F., & Carpenter, M. P. (1977). The Distribution of World Science. *Social Studies of Science*, *7* (4), 501−516.

③ Takeishi, C. (2012). Centers of Learning Reconsidered in the Japanese Context. In Greenfeld. *The Ideals of Joseph Ben-David: The Scientist's Role and Centers of Learning Revisited.* New Jersey: Transaction Publishers, 97−112.

2008 年的论文中指出："令人注意的是，本－戴维在 1977 年的著作中将日本描述为学术边缘国家，但它现在或许已经接近学术中心了。"[①] 本－戴维忽略的另外一个国家是苏联。1955—1973 年，苏联共有 7 名科学家获得诺贝尔奖，位居世界第三，与当时的联邦德国并列。[②] 从科学出版物的数量来看，1973 年苏联的科研出版物数量排在美国、英国之后，位居世界第三。[③]

四、关于教学与研究关系的比较分析

如何处理教学与研究的关系是《学术的中心》一书的核心议题之一。教学与研究关系的起源、转变及其当代困境是本－戴维一直关心的问题。在 1972 年的《科学与大学系统》一文中，本－戴维分析了教学与研究关系的历史演变和跨国差异。他指出，教学与研究相统一的原则形成于高等教育的精英化阶段，其原初设计是大学教师带领着少数有天赋的学生，在教学中贯彻研究的原则。但是，到大众化阶段，教学与研究相结合的原则遭到挑战。同时，本－戴维也把竞争分权原则应用到教学与研究关系的分析中，他指出，在竞争性的大学系统中（如德国、美国），高校会竞争性地发展研究并试图将研究贯彻到

① Arimoto, A. (2008). International Implications of the Changing Academic Profession in Japan. *The Changing Academic Profession in International Comparative and Quantitative Perspectives*, 1–32.

② Davidson Frame, J., Narin, F., & Carpenter, M. P. (1977). The Distribution of World Science. *Social Studies of Science*, 7 (4), 501–516.

③ Davidson Frame, J., Narin, F., & Carpenter, M. P. (1977). The Distribution of World Science. *Social Studies of Science*, 7 (4), 501–516.

教学当中，而在非竞争性的大学系统中（如法国和苏联），则只有少数高校被规定从事研究活动，从而在一定程度上做到教学与研究相结合。因此，竞争性系统是解决教学研究矛盾的最好办法。①

在《美国高等教育：新与旧的方向》一书中，本－戴维表达了对教学与研究统一难以维持的担忧：

由于与教学几乎没有关系的大学研究的迅速崛起，以及研究与教学的奖励之间迅速增长的不平衡，教学与研究统一的基础被削弱了。②

本－戴维指出，教学与研究之间存在着内在的紧张关系："用于教学的知识没有再研究的必要，而仍需研究的知识不能用于教学。…… 研究和教学远非天生一对，它们只有在特定条件下才能被组织到单一框架中。"③通过比较性的历史回顾，本－戴维得出的结论是，这种关系既可以相互支持，也可以相互冲突，并且两者之间的平衡在很大程度上取决于学科。尤其值得一提的是，他认为，人文学科较容易实现教学与研究的融合，而依赖于实验的自然科学较难实现这一融合。在工程、医学、法律等实践领域，将研究与教学结合起来也是非常困难的。

---

① Ben-David, J. (1972). Science and the University System. *International Review of Education*, 44–60.

② Ben-David, J. (1972). *American Higher Education: Directions Old and New*. New York: McGraw Hill Book Company, 112.

③ Ben-David, J. (1992). *Centers of Learning: Britain, France, Germany and the United States*. New Brunswick, New Jersey: Transaction Publishers, 93–94. 见本中译本正文第 109 页。

从比较的视角来看，研究与教学的结合是德国和美国高等教育体系取得成功的秘诀之一。在本-戴维看来，德国大学之所以在19世纪迅速崛起，一个重要原因是贯彻了研究与教学相结合的原则。[①]英国的体系很晚都没有彻底贯彻研究与教学统一的原则。牛津和剑桥实行的导师制被认为是英国高等教育制度的精髓。导师通过与学生密切互动，对学生的知识成长和人格发展产生了深刻影响。但由于繁重的教学任务，导师无暇从事研究。美国教育家查尔斯·F.特温（Charles F. Thwing）在20世纪初访问牛津，提到当时的牛津导师制时指出，牛津的导师需要年复一年地每天教学五个小时，因而身心不堪重负。[②]研究与教学相结合是德国大学取得成功的秘诀之一，但到19世纪末，这一结合在德国已经越来越难以为继。第一，一些研究内容过于专门化而难以和教学需要相结合，毕竟并非所有学生都会从事研究。第二，研究越来越需要研究者投入大量时间，沉重的教学负担成为研究者取得进展的一个障碍。第三，随着科学研究的迅猛发展，一些研究领域需要投入大量的经费和人力，这是当时的大学所无法满足的。为解决这一矛盾，德国在1911年成立了威廉皇帝学会（马普研究所前身），为专职研究者提供容身之所。在本-戴维看来，在解决教学、研究矛盾方面，美国的研究生院比德国的研究所更有优

① Ben-David, J. (1992). *Centers of Learning: Britain, France, Germany and the United States*. New Brunswick, New Jersey: Transaction Publishers, 22. 见本中译本正文第25页。

② Thwing, Charles F. (1906). Oxford and Other World-Universities. *The North American Review*, 183(602), 906–916.

势。相对而言，美国的高等教育体系被认为更好地实现了教学与研究的整合。帕森斯从功能论的视角把美国大学的功能划分为教学、研究、社会服务等方面，并认为美国的体系比法国和苏联更好地实现了教学与研究的融合。[①]1983 年，本-戴维在《大学中的教学与科研》一文中重新思考了这一问题。他指出，有两个趋势对传统的教学研究相结合的理念提出了挑战。第一，在不同的国家，包括美国在内，大学研发经费的投入都呈下降趋势，维持高水平的研究变得更加困难。第二，在 20 世纪 60 年代的黄金时代，进入大学系统的生源质量是提升的，但 20 世纪 70 年代以来生源质量呈下降趋势，越来越多对学术缺乏兴趣的学生进入大学系统，使得教学研究相结合更为困难。[②]

在教学与研究整合方面，克拉克的观点和本-戴维有所不同。两人都认为，美国的研究生院是实现教学与研究整合的最佳制度安排。[③]但是，对于教学与研究的整合，克拉克的观点似乎更加乐观。人们通常认为教学和研究是难以相容的，但克拉克更倾向于主张两者的兼容性[④]。

---

① Parsons, T., & Platt, G. M. (1968). Considerations on the American Academic System. *Minerva*, 497−523.

② Ben-David, J. (1983). Research and Teaching in the Universities. In John W. Chapman (ed.), *The Western University on Trial.* Berkeley, Los Angeles, London: University of California Press, 81−91.

③ Clark, B. R. (1994). The Research-teaching-study Nexus in Modern Systems of Higher Education. *Higher Education Policy*, 7(1), 11−17.

④ Clark, B. R. (1995). Leadership and Innovation in Universities from Theory to Practice. *Tertiary Education & Management*, 1(1), 7−11.

如何处理教学与研究的关系，这也是20世纪五六十年代我国高等教育面临的一个基本矛盾。1977年，我国高等教育界正式提出“双中心论”，即高等教育既是教学中心，也是研究中心，算是基本解决了这一争论。教学与研究关系面临的一个新挑战是，20世纪80年代以来，越来越多的国家扩大了自己的高等教育系统，很多国家都迈入了高等教育普及化阶段，在此背景下，高等教育系统日益分层为致力于精英高等教育的部门和致力于大众高等教育的部门，前者更加重视研究。但是另一个趋势是“研究文化的强化是普遍性的”（intensification of research culture is a pervasive phenomenon），因此如何协调教学与研究的关系仍然是一个棘手的问题。[①]

五、专业教育与通识教育的关系

在《学术的中心》一书中，本－戴维各用一章来分析专业教育和通识教育的问题。在该书中，专业教育与通识教育问题的论述占有很重的分量，但本－戴维在这方面的论述并没有引起足够的重视。本－戴维本人是专门职业与专业教育方面的专家，他的博士学位论文就是关于专门职业的，而他对这方面的兴趣主要是受到了帕森斯的影响。本－戴维的博士学位论文主要分析了教师、律师和医生这三类专门职业。

与一般的教育社会学著作不同，本－戴维能够有效地将社会学视角中的结构（structure）和过程（process）结合起来，

---

① Scott, P., Jim G., & Gareth P., (Eds). *New Languages and Landscapes of Higher Education*. Oxford University Press, 2016, 3.

因此弥补了一些只重视结构因素的社会学著作的缺陷。本-戴维对结构的重视主要体现在他对高等教育组织结构功能的分析。本-戴维在该书中指出，高等教育组织机构主要具备五大功能：专业教育、通识教育、研究与研究训练、社会批评、促进社会平等与正义。不过，本-戴维认为，高等教育系统新增加的“社会批评”与“促进社会平等与正义”的功能将会对学术自由构成威胁。对于美国20世纪60年代的学院政治，本-戴维忧心忡忡，认为激进政治很可能使大学分裂成互相斗争的党派。本-戴维认为，高等教育系统的功能是互相依赖、唇齿相依的。法国和德国高等教育系统的缺陷就在于它们未能提供有效的通识教育，因此反过来其他功能也受到了损害。

本-戴维认为，和古代的高等教育体系相比，现代高等教育体系的一个根本特征是专门化。当然，专业社会也隐藏着巨大的风险，在哈罗德·帕金（Harold Perkin）看来，专业社会（professional society）的出现是人类社会的第三次革命，现代社会成功的一个关键是专业主义和专家知识，它使人类社会在物质和精神创造方面取得了巨大的进步，但专业主义也可能对社会造成很大的破坏：

聚宝盆的神奇关键是专业知识，但是专业主义精神也是其成功的主要威胁。我们怎么能阻止专业精英，尤其是那些控制政府和生产部门进而控制收入流动的精英们滥用权力、盘剥社会，从而使社会走向崩溃？我们不能回避或淡化这个问题。[①]

① Perkin, H. J. (1996). *The Third Revolution: Professional Elites in the Modern World*. London and New York: Routledge, 218.

现代高等教育的一个核心功能是提供多种类型的专门职业教育。由于本－戴维特别强调专业教育，所以一些读者会认为他不重视通识教育。例如《学术的中心》的日文译者天城勋认为，本－戴维的立场是实用主义的，他强调专业教育而不是通识教育。事实上，正如武石智香子（Chikako Takeishi）所指出的那样，这是对本－戴维的误解。[①]本－戴维认识到，要使得不同职业的人群能够进行有效的沟通、合作，通识教育是不可或缺的。因此，尽管本－戴维认为现代高等教育的一个根本性特征是专业教育，但他却很重视通识教育，认为这也是现代高等教育的核心功能之一。在本－戴维看来，随着高等教育的持续扩张，必然会有大量缺乏特定职业目标的学生涌入大学，本－戴维称这些学生为通识学位学生（general students），这部分学生对于高质量的通识教育有很大需求。他认为，美国大学较好地实现了通识教育功能，而欧洲大学则始终不认为通识教育是大学的功能。根据本－戴维的看法，通识教育是大学固有的一项功能，"但欧洲大陆高等教育体系……并未认识到大学具有通识教育的功能"。[②]

关于通识教育，本－戴维的一个理论贡献是区分了显性通识教育模式和隐性通识教育模式。前者的典型代表是美国和英

① Takeishi, C. (2012). Centers of Learning Reconsidered in the Japanese Context. In Greenfeld. *The Ideals of Joseph Ben-David: The Scientist's Role and Centers of Learning Revisited.* New Jersey: Transaction Publishers, 97–112.

② Ben-David, J. (1992). *Centers of Learning: Britain, France, Germany and the United States*. New Brunswick, New Jersey: Transaction Publishers, 165. 见本中译本正文第 192 页。

国，后者的典型代表是德国和法国：

尽管以专业教育为主要目的，高等教育系统还是在“为职业做准备”这一工具性要求之外，包含着关于“高等教育到底是什么”（what higher education is in general）的观念。就法国和德国而言，尽管19世纪初之后这两个国家没有通识教育的大学项目，但大学的教育实践中还是暗含着通识教育（general education）的观念；而英国和美国（尤其是美国）的大学教育实践则清楚地传达着这样一种观念。在美国，有一个明确而重要的通识教育项目——文理通识课程（the liberal arts course）；而英国则有很多项目提供这类教育。[①]

隐性通识教育在法国体现为大学对学术性课程的重视，尤其是对一些基础知识技能——文法、修辞、逻辑、数学——的重视。即便在巴黎综合理工学院（*Ecole Polytechnique*），教育也是比较宽泛的，注重数学、理论物理等基本学术能力，甚至还开设经济学、哲学和文学等相关课程。在法国高等教育系统当中，一直到相当晚近的时候，几种普通科目如语法、修辞、逻辑以及数学都被认为是所有专业知识的基础。

在德国，隐性通识教育表现为对学生从事原创性研究的能力的重视，学生“由科学达致修养（*Bildung*）”，他们在探索科学过程中所获取的“修养”被认为对学生从事各种职业都是有益的。在德国教育系统当中，通识教育与高等教育之间存在

---

① Ben-David, J. (1992). *Centers of Learning: Britain, France, Germany and the United States*. New Brunswick, New Jersey: Transaction Publishers, 71. 见本中译本正文第81页。

着质的区分。[1]在德国，通识教育的任务主要是由文法中学来承担的，在这些学校当中，学生学习语言学、文学、历史、数学、物理学、化学、生物学等基础性学科。高等教育所承担的任务与中学截然不同，学生必须掌握研究方法，突破知识的疆界，获得新的知识发现，在研究上作出原创性的贡献："如果求知之时不能通过研究来探索新问题，那么任何程度的求知欲或渊博知识都不能被认为是高等教育的标志。"[2]美国是显性通识教育模式的一个范本，它不但保留了通识教育的目标，而且保留了通识教育的内容。目前美国的高校，不管是研究型大学还是文理学院，其本科教育都含有通识教育的成分，本科生的学分当中有三分之一左右为通识课程的学分，有的高校甚至要求更多。英国的情况比较特殊。本-戴维将英国视为显性通识教育模式的一个代表，并列举了苏克塞斯大学的通识课程项目。但他也意识到，20世纪上半叶以来，英国高校几乎整体上放弃了之前的显性通识教育模式，因此英国事实上已经越来越转向隐性通识教育模式。

关于通识教育的组织模式，本-戴维反对统一性的课程项目，他说："如果通识教育项目是根据某些指令统一设计的，

---

① Ben-David, J. (1992). *Centers of Learning: Britain, France, Germany and the United States*. New Brunswick, New Jersey: Transaction Publishers, 73. 见本中译本正文第83页。

② Ben-David, J. (1992). *Centers of Learning: Britain, France, Germany and the United States*. New Brunswick, New Jersey: Transaction Publishers, 73. 见本中译本正文第83—84页。

那就注定是无效的。”[①]

六、高等教育历史比较分析的经典之作

上文回顾了本-戴维在《学术的中心》一书以及其他相关论著当中对一些议题（学术中心的转移、学术中心与边缘的关系、教学与研究的关系、通识教育与专业教育的关系）的论述。笔者认为，历史比较分析方法与功能论分析的结合是该书的一大特点，也是该书迄今具有不可取代的学术价值的重要原因。

本-戴维特别推崇比较研究的方法，他认为比较方法是推进社会科学理论研究、克服社会科学研究中地方本位主义（parochialism）的重要手段。他指出，在社会学、人类学和政治科学中，最典型的基础研究总是带有某种比较的属性。这些学科的理论一般需要通过比较来验证。[②]在社会科学研究中，实验方法是非常困难的。因此要将社会研究从具体上升到一般，必须依赖比较方法，“通常，比较是验证某一抽象概括之有效性的唯一方法”。本-戴维还指出，比较研究通常需要不同国家的同行进行合作。[③]社会科学研究的理想方法因其研究

---

① Ben-David, J. (1992). *Centers of Learning: Britain, France, Germany and the United States*. New Brunswick, New Jersey: Transaction Publishers, 103. 见本中译本正文第 83 页。

② Ben-David, J. (1973). How to Organize Research in the Social Science. *Daedalus*, 102 (2), 39–51.

③ Ben-David, J. (1973). How to Organize Research in the Social Science. *Daedalus*, 102 (2), 39–51.

目的的差异而不同。更加适合于社会科学研究的模型是临床医学、工程学、地质学或遗传学的模型，而非物理学的模型。[①]本－戴维生于匈牙利，在以色列接受高等教育，后来在英国留学，又长期在美国任教，因此他对欧陆高等教育传统和英美高等教育传统都有亲身的体验，这为他从事比较研究提供了很好的基础。在研究当中，本－戴维广泛地使用比较的方法，例如在以心理学为案例分析学科的社会起源的文章中，他比较了德国、美国、英国和法国的制度。[②]

本－戴维虽然不是专业的历史学家，但他在研究中经常使用历史分析的方法，在《科学家的社会角色》一书中，他追溯了科学研究从古希腊到当代的变化过程，以及科学家的角色是如何在这个历史过程之中产生的。同时，本－戴维特别善于将历史研究方法与比较研究方法结合起来。本－戴维对各国高等教育制度的比较不是简单地针对现在的情况进行比较，而是从历史的角度或者选取某一个历史时段进行比较。例如，他比较分析了1800—1925年间英国、美国、德国和法国四个国家医学科学的产出，并将德国、美国两国产出的优异表现归功于两国的竞争体制。[③]在历史比较分析中，他注重比较不同国家高等教育体系的结构差异，并且追溯这种结构差异因素的历史

---

① Ben-David, J. (1973). How to Organize Research in the Social Science. *Daedalus*, 102 (2), 39–51.

② Ben-David, J. & Collins, R. (1966). Social Factors in the Origins of a New Science: The Case of Psychology. *American Sociological Review*, 31(4), 451–465.

③ Ben-David, J. (1960). Scientific Productivity and Academic Organization in Nineteenth Century Medicine. *American Sociological Review*, 25(6), 828–843.

根源。在理论方面，《学术的中心》一书的分析带有浓厚的功能主义色彩。事实上，该书的主要章节就是围绕大学的功能——通识教育、专业教育、科研、社会批评、社会公正与流动——而展开的。在本-戴维看来，大学只是在履行专业教育的功能时感到得心应手，在履行通识教育和科研功能时都面临诸多困境。①

《学术的中心》一书已被公认为比较高等教育领域的一本经典著作。本-戴维本人的学术论文大部分发表在社会学期刊上，但他偶尔也在《高等教育研究》（*Studies in Higher Education*，英国）②上发表论文。除了社会学家这一身份认同之外，本-戴维也自认是一个高等教育研究者。1983 年，本-戴维曾撰写《以色列的高等教育研究》一文，介绍以色列学者对高等教育问题的研究，在这篇文章中，他这样介绍自己当时正在进行的研究："在社会学家中，本-戴维一直在从事比较高等教育研究，并将这一视角用于分析以色列高等教育。他正在研究以色列大学第一级学位的发展及其可能的改革，并希望编辑一个会议论文集。"③

本-戴维对比较高等教育领域的另一位权威学者伯顿·克

---

① Ben-David, J. (1992). *Centers of Learning: Britain, France, Germany and the United States*. New Brunswick, New Jersey: Transaction Publishers, 164. 见本中译本正文第 190 页。

② Ben-David, J. (1986). Universities in Israel: Dilemmas, of Growth, Diversification and Administration. *Studies in Higher Education*, 11(2), 105–130.

③ Ben-David, J. (1983). Research on Higher Education in Israel. *Higher Education in Europe*, 8 (1), 76–79.

拉克也有重要的影响，克拉克的一系列高等教育研究著作中，始终隐藏着本-戴维的影子。尤其是其关于研究生教育的比较研究，更是受到了本-戴维的直接影响。[①]克拉克关于学术职业、教研整合等的研究也受到本-戴维的影响。在有些方面，他赞同本-戴维的结论；在有些方面，他则试图批驳本-戴维的结论。无论如何，本-戴维是他最重要的学术对话者之一。在日本，本-戴维的高等教育思想产生了重要影响。1982年，《学术的中心》一书被翻译成日文，译者是当时日本教育部的官员天城勋。[②]1996年，日本学者有本章主编了《论〈学术的中心〉》一书，[③]延续了本-戴维对学术中心的研究。

总的来说，《学术的中心》一书对西方学术系统的异同之处进行了卓越的分析。该书的出色之处在于，本-戴维能够把细微的历史细节、社会分析的视角、自己的亲身经历有机地糅合到一起，并且不失道德的判断。尤其需要指出的是，在写作该书时，本-戴维已经写出了自己的名著《科学家在社会中的角色》，并且在高等教育方面多有著述。这些先前著作的优点在该书中亦有鲜明的体现。学者一致公认，《学术的中心》是比

---

① Clark, B. R. (2000). Developing a Career in the Study of Higher Education. In Smart, J. C. (ed.). *Higher Education: Handbook of Theory and Research*, New York: Agathon Press, 1−38.

② Takeishi, C. (2012). Centers of Learning Reconsidered in the Japanese Context. In Greenfeld. *The Ideals of Joseph Ben-David: The Scientist's Role and Centers of Learning Revisited.* New Jersey: Transaction Publishers, 97−112.

③ Arimoto, A. (Ed.). (1996). *Study on the Centers of Learning* (*in Japanese*). Tokyo: Toshindo Publishing Co.

较教育领域的经典著作，不少国外学者均采用该书作为比较教育学的教科书。美国学者 W. 保罗·沃格特（W. Paul Vogt）甚至认为，在用比较的视角对高等教育进行历史和社会学的研究方面，该书是“唯一合适的教材”[①]。美国大学史研究的著名学者劳伦斯·维塞（Laurence Veysey）指出，《美国大学的出现》（*The Emergence of the American University*）一书的主要缺点在于缺乏比较的因素，没有关注同一时期德国大学等高等教育体系的发展，而本-戴维的著作在这方面远胜于它。[②]

沈文钦

于北京大学教育学院

---

① Vogt, W. P. (1978). Centers of Learning: Britain, France, Germany, United States. *The School Review*, 87 (1), 87–92.

② Veysey, L. (1981). The Emergence of the American University. *American Journal of Education*. 90 (1), 103–106.

序言一

约瑟夫·本-戴维的《学术的中心》是比较高等教育领域的经典之作，该书对西方主要学术体系的共同点和差异性进行了出色的分析。该书最初出版于1977年，是卡内基高等教育委员会赞助的高等教育系列丛书中的一本。英国、法国、德国和美国的大学源于欧洲共同的学术传统，如今均已跻身于世界上最具影响力和实力之列。然而，它们在过去的一个世纪中发生了不同的演变。约瑟夫·本-戴维探讨了这四个国家高等教育发展的不同路径，对当代高等教育的作用和范围进行了精彩的分析。

约瑟夫·本-戴维（1920—1986）是撰写本书的最佳人选。他出生于匈牙利，父母是犹太人。他在家乡杰尔的一所文法中学完成了中学教育，后在一家纺织厂和父亲的印刷公司当学徒。1941年，本-戴维离开匈牙利前往巴勒斯坦，在耶路撒冷希伯来大学学习，并于1946年获历史学学位。在耶路撒冷担任社会工作者后，他于1947年获巴勒斯坦英国托管政府颁发的奖学金，前往英国学习。1950年，他在伦敦政治经济学院获得社会学硕士学位，并于1955年获得社会学博士学位[①]，师从爱

① 此处有误，本-戴维在耶路撒冷的希伯来大学而非伦敦政治经济学院获博士学位。——译者注

德华·希尔斯，后者对他的思想产生了深远的影响，并把他带到了芝加哥大学。在生命的后期，本-戴维一直是芝加哥大学的社会学和教育学教授，定期往返于芝加哥和耶路撒冷之间。完成博士学位后，他回到了当时的以色列，并加入了耶路撒冷希伯来大学，在该机构任职直至去世。

约瑟夫·本－戴维在科学社会学和高等教育分析方面做出了开创性的工作，在科学研究与大学的关系方面，他的著述尤其有影响力。他的著作反映了他的学术关注。他的第一本书出版于 1968 年，是为经济合作与发展组织撰写的《基础研究与大学：对国际差异的一些评论》。[①] 继该书之后，他在 1971 年又出版了《科学家在社会中的作用：比较研究》。[②] 他后来的两本书都是受克拉克·克尔（Clark Kerr）担任主席的卡内基高等教育委员会委托而写的。这两本书都涉及美国，并将本-戴维独特的对比较的敏感带入了美国高等教育的分析中。[③] 约瑟夫·本-戴维是一位多产的学者，在社会学以及在新兴的科学社会学与科技政策领域的所有主要期刊上都发表了文章。他的工作与《密涅瓦》（*Minerva*）尤为密切相关，这是由爱德华·希尔斯主编的备受推崇的关于高等教育和科学的

---

① Joseph Ben-David, *Fundamental Research and the Universities* (Paris: OECD, 1968).

② Joseph Ben-David, *The Scientist's Role in Society: A Comparative Study* (New York: Prentice-Hall, 1971).

③ Joseph Ben-David, *American Higher Education: Directions Old and New* (New York: McGraw-Hill, 1971). 此书后来由芝加哥大学出版社于 1974 年以平装本的形式重新出版，题为 *Trends in American Higher Education*。本-戴维的最后一本书是《学术的中心》。

杂志。在他生命的最后十年中，本-戴维在《密涅瓦》上发表了六篇文章，全部涉及科学发展。他与奥拉汉姆·兹洛克佐尔（Awraham Zloczower）合作的《现代社会中的大学与学术体系》一文对科学与研究如何出现在西欧和美国做了详细分析，是一篇很有影响的文章，也是《学术的中心》一书的前奏。[①] 本-戴维的一些最重要的论文被汇集在《科学的增长：关于社会组织和科学精神的论文》一书中。[②]

约瑟夫·本-戴维的学术，集对欧洲和北美学术和科学体系的深入了解、扎实的历史训练以及仔细使用文献材料来进行复杂分析的能力于一体。本-戴维并不依赖大量的“数据集”，而是审慎地利用现有材料，以为其研究工作提供经验基础。

当然，《学术的中心》一书也是特定时代的产物，这在一定程度上影响了它的关注点和论点。该书出版于 1977 年，是西方工业化国家 20 世纪 60 年代政治活动之余波的产物。本-戴维探讨了政治在大学中的作用以及学生和教师参与社会政治活动的问题，这些问题在更加非政治化的 20 世纪 90 年代可能不被认为是核心问题。他的讨论还涉及欧洲和美国的大学在 20 世纪 70 年代所面临的财政问题和其他问题，原因在于，由

---

① Ben-David, J., & Zloczower, A. (1962). Universities and Academic Systems in Modern Societies. *European Journal of Sociology/Archives Européennes de Sociologie*, 3(1), 45–84.

② Joseph Ben-David. *Scientific Growth: Essays on the Social Organization and Ethos of Science* (Edited and with an introduction by Gad Freudentha) (Berkeley, California: University of California Press, 1991).

于 20 世纪 60 年代人口膨胀的结束和经济衰退，入学人数停止增长甚至开始下降。这一时期，公众对高等教育也不再抱有希望，这也是对动荡的 20 世纪 60 年代的部分反应。当时，高等教育经费削减，大学受到广泛批评。

扩张是第二次世界大战后高等教育的标志。正如本-戴维指出的那样，这一时期不仅在大西洋两岸的学生人数方面出现了前所未有的增长，而且在科学研究和大学研究经费方面也出现了前所未有的增长。本-戴维正确地指出，这种扩张不可能永远持续下去，学术体系需要调整以适应更“正常”的增长曲线。事实上，增长完全停止了，与此同时，学生人数在 20 世纪 80 年代保持不变。基础科学研究的支出大部分跟不上通货膨胀。从试图适应看似不断增长的入学人数和不断增加的预算，转变到资源稀缺、不再受到公众青睐，高等教育的这种变化对于学术机构来说是相当困难的。

本-戴维指出，如果研究支出继续像 20 世纪 60 年代那样快速增长，最终将消耗整个经济。他强调，增长将会放缓。他的这种说法当然是正确的。事实上，增长在欧洲和美国相当于突然停止了。目前还不清楚西欧和北美传统的科学优势是否会得到维持，学术机构是否会继续发挥领导作用。

本书也深受 20 世纪 60 年代政治斗争的影响。约瑟夫·本-戴维并不支持学生运动，也不支持这一时期大学的政治化。他是校园政治运动和激进主义的批评者。他坚信大学作为机构必须保持政治中立。他坚信，大学的传统价值观——科学和科学研究至上、选拔和晋升的才能标准以及传统课程——必须得到维护。如果本-戴维卷入20世纪90年代的学术争论，他无疑会对平权行动和将多元文化观点引入课程体系的努力持强烈批评态度。然而，他在《学术的中心》一书中支持美国的博雅教育（liberal education）[①] 理念，因为他认为，在高等教育大众化阶段，通识科目是向越来越多的学生群体介绍博雅教育价值观的有效手段。

《学术的中心》中有两章专门讨论大学与社会政治的交叉点。本-戴维在一章中考虑了大学在政治活动和社会批评中的作用，在另一章中考虑了大学在社会正义和平等中的作用。本-戴维的基本论点是，大学不应该参与社会政治，而应该完全专注于其教育和研究使命。他认为，拉丁美洲和日本的一些大学成为政治工具——并且主要是作为对抗性的工具——这严重削弱了它们的实力。在20世纪60年代的动乱刚刚结束后，他看到，西方主要大学系统也存在不可逆转地政治化的危险，但他表示，截至1977年，它们将采取的方向尚不清楚。

从20世纪90年代的角度来看，本-戴维的担忧似乎被夸大了，尽管他无疑会看到当前局势中存在的问题。当前，学生和一小部分教师的政治激进主义已基本消失，不过20世纪60年代激进主义的一些成果，例如妇女研究和非裔美国人研究项

---

① liberal education 指一种以训练心智为目的的非职业性的教育，可翻译为“博雅教育”或“自由教育”。在本书中，我们统一翻译为“博雅教育”。关于liberal education 一词的语意演变，可参考：沈文钦 . (2021). Liberal education 的多重涵义及其现代意义：一个类型学的历史分析 . 北京大学教育评论，19(1)，17—43。——译者注

目（program）[1] 仍然存在。毫无疑问，本-戴维会对这些项目提出严厉批评，认为它们不是大学使命的核心。北美和西欧的大学大部分又回到了 20 世纪 60 年代之前控制它们的那些教师精英的手中，尽管新的、强有力的管理阶层的权力和影响力已显著增强。本-戴维无疑会注意到批判理论家、解构主义者和其他在高等教育中拥有一定权力的知识分子激进派的影响，尤其是在顶尖大学。他会对美国目前为代表性不足 [2] 的少数族裔提供特殊录取标准的努力以及教师聘用方面的大部分平权行动持激烈批评态度。约瑟夫 · 本-戴维很可能会赞同保守派如迪内什 · 迪索萨（Dinesh D'Souza）等人的大多数批评意见。[3]

本-戴维认为，高等教育中基于社会阶级背景的故意歧视在 19 世纪已被废除，但无意识的歧视仍然存在。他不反对为每个人提供"平等的竞争环境"，并消除经济障碍，使弱势群体中的个人能够接受高等教育。但他指出，不可能确保任何基于种族、民族、性别或其他标准而划分出的群体实际上都取得了同等的结果，因为对个体能力的评价必须是高等教育成功的唯一标准。正如他所说：

只有通过有效地从各个阶层和群体中培养那些有准备、有

---

① 在教育学的语境中，program 指的是以某一知识领域为内容的一套课程体系，以及相应的学位授予，可译为"项目""课程项目"或"教育项目"。program 一般分为本科、硕士、博士三个层次。例如，higher education doctoral program 指的是以高等教育研究为内容的博士学位项目。——译者注

② 指因入学率偏低，致使某些族裔在高校中"缺少代表"的情形。——译者注

③ Dinesh D'Souza. (1991). *Illiberal education: The politics of race and sex on campus*. Simon and Schuster.

能力、有上进心的个人，高等教育才能对社会公正作出真正的贡献。因此，教育平等的含义一旦从个人的流动性转变为具有代表性的群体的流动性，就会产生有害的影响。[①]

重要的是要记住，约瑟夫·本-戴维是基于特定的意识形态视角以及学者的敏感性来写作的，他是20世纪60年代校园活动的亲历者，并在当时严厉地批评了这种活动。

自主性和问责制之间的相互作用是《学术的中心》一书着力论述的重点内容之一，尽管本-戴维并没有完全用这些术语来讨论它。本-戴维指出，在本书所讨论的四个国家中，政府在创建现代研究型大学的过程中发挥了关键作用。最著名的例子是19世纪现代德国大学的出现，其研究方向与新兴的德意志国家密切相关。他还指出，政府政策在法国发挥了重要且相当直接的作用。美国“赠地”立法和密歇根州、威斯康星州、加利福尼亚州等州的积极作用，表明了公共权力在美国现代大学创建中的关键作用。本-戴维还指出，在美国，私人倡议也相当重要。例如，芝加哥大学、斯坦福大学、约翰·霍普金斯大学的建立都是由私人倡议完成的，对整个美国学术系统产生了深远的影响。政府资助和政策之间的相互作用，以及这四个国家中现代大学的出现，都是非常复杂的问题，政府要求控制学术体系的运作和定位亦是如此。

本-戴维暗示，除了少数例外，政府愿意制定方向并允许学术机构在具有高度内部自主权的前提下运作。当然也有一些

① 见本中译本正文第185页。

限制，例如德意志帝国禁止任命社会主义者担任教授职位。但总的来说，大学在自身治理方面拥有相当大的自主权——学术人员的任命、学生的录取、学位要求的设定，以及有关决策的制度安排通常都由大学掌握。本-戴维是大学自治的坚定支持者，尽管他承认政府在高等教育政策中可以发挥合法作用，特别是在更高比例的人口接受高等教育的时代。

在高等教育成本不断增加、近期经济问题以及政府对高等教育看法不断变化的背景下，一些国家里大学的自主权受到了损害。最戏剧性的变化也许发生在 20 世纪 80 年代撒切尔夫人时代的英国。英国政府对高等教育的资助模式传统上主要通过大学拨款款委员会（UGC）进行。这一模式给予大学很大的自主权，并被许多其他国家效仿。但后来大学拨款委员被废除，取而代之的是大学资助委员会（UFC），该委员会与政府政策、政府机构的联系更为紧密，大学实际上也是强烈反对这一变化的。此外，“双轨制”将英国的高等教育分为大学和其他高等教育机构（主要是多科技术学院［the polytechnics］，也包括许多专业学院（［specialized colleges］）两类，但是随着大学和多科技术学院之间更加紧密的合作，以及许多教育机构的合并，双轨制遭遇了弱化。大学再次表达了对这些变化的强烈反对。虽然英国是由教育机构自身来控制高等教育这一传统治理模式出现基本崩塌的最具戏剧性的案例，但它并不是唯一的案例。澳大利亚也经历了类似的剧烈变革，并且针对政府倡议的让高等教育发展更符合广泛的社会目标和政策规范的问题进行了广泛的讨论。

如此看来，学术自主的理想在广义的制度和政策层面受到了威胁。在当今的工业化世界，各地的高等教育均面临财政约束，不过值得注意的是法国和德国的问题（民主德国的大学除外）似乎不如英国和美国严重。财政问题和角色变化使各个国家的政府更直接地介入学术领域。与此同时，虽然大部分西方国家都在学术体系方面面临一些严重问题，但日本和亚洲其他新兴工业化国家的大学正在迅速扩张，并越来越专注于研究。[①] 虽然大部分西方国家的学术体系并不会出现学术自主权或大学自治模式被完全废弃的风险，但是政府与高等教育之间的更加广泛的关系在 20 世纪末确实是一个有争议的问题。

约瑟夫 · 本–戴维认为，学术自由对学术事业而言至关重要。他提到了主流西方学术体系中学术自由的发展历程，并认为学术自由的建立并不容易。他指出，学术自由有时会受到侵害，例如在美国 20 世纪 50 年代的麦卡锡时期，少数教授因其政治立场而受到迫害。但他也指出，总的来看，在“二战”后的西方学术体系中，学术自由受到了尊重，也得到了相当广泛的接受。

博雅教育和通识教育一直是西方大学长期以来所坚守的。约瑟夫 · 本–戴维指出，美国的博雅教育观念有些不寻常——欧陆的大学并没有开设通识课程项目，学生直接隶属于某个学院或学部以学习特定科目（subject）。人们普遍认为，通识教育是准备去大学学习的学生在中学课程学习中应当接受的教

① See Philip G. Altbach et al., *Scientific Development and Higher Education: The Case of Newly Industrializing Nations* (New York: Praeger, 1989).

育。欧洲的中等教育是“分轨”的，以至于只有少数学生能进入通向大学的“学术”轨道，而在不同轨道之间几乎没有流动的可能性。这一“分轨”体系一直运转良好。在中等教育结束时，欧洲学生要参加非常艰难的统一考试（例如德国的 *Abitur* 和法国的 *baccalauréat*），只有通过考试才能进入大学。只要中等教育的课程难度设置得很高，这一体系就能够相当顺利地运转。事实上，也只有极小比例的学生，即通常低于 5% 的学生，能够进入大学。

在 20 世纪 60 年代，欧洲的高等教育规模开始急速扩张，许多欧洲国家的高等教育入学率迅速增长到了近 20%。高等教育规模的扩张受到了一些因素的影响：一方面，中等教育的规模在 20 世纪 50 年代已经完成了扩张，此外，“双轨制”所推行的严格分流也有所放宽，学生有了更多的选择，因此有资格参加大学考试的人数增加了；另一方面，大学考试的难度也有所降低，伴随着参加考试的学生人数的大幅增加，通过考试的人数也大大增加。这些学生被保证能够进入大学，并且他们中很多人也被录取了。

约瑟夫 · 本-戴维认为，这些经过扩招的、民主化的欧洲大学需要考虑设置某种形式的通识教育，因为学生们不再像以前那样做好充分的学术准备，而且他们也来自更加多元化的社会阶层。他指出，20 世纪 60 年代的大学扩张和民主化显著改变了传统欧洲大学的精英主义，美国的通识教育模式可能与欧洲也有一定的相似性。就通识教育的方式而言，英国在传统上处于美国和欧洲[①]之间的立场——英国大学生在学习上比美国大学生更加专业化，但英国大学中也有通识教育的成分。美国的大学是按照牛津和剑桥的模式建立的，所以它们之间有相似之处也就不足为奇了。

通识教育在20世纪90年代再次成为美国和欧洲的一个重要问题。在美国，问题涉及通识课程体系的性质——人们普遍认为，这一概念对美国本科教育至关重要。事实上，在20世纪60年代通识教育经历衰退后，人们对通识教育的信念得到了加强。关于在通识课程体系中包含多元文化的争论已持续多年，人们普遍认为通识课程体系应当反映出美国社会的多样性，传统的通识课程体系应当进行修改。然而也存在很多不同意见，保守派学者一般主张保持传统的通识课程体系，他们质疑多元文化的持久价值，并强调文化统一的重要性。毫无疑问，本-戴维是站在传统派一边的，他主张课程体系的文化统一性（the integrity of the curriculum）和欧洲传统文化的价值。他深受欧洲文化传统的影响，对20世纪60年代的通识教育改革持怀疑态度。本-戴维的职业生涯在两所独特的学术机构度过，这两所机构以不同的方式反映了西方的学术传统。耶路撒冷希伯来大学是按照19世纪德国的传统建立的，至今变化都不大。事实上，一些人指出，由于德国大学经历了变革，唯一“真正”的德国大学可能在耶路撒冷！芝加哥大学是本-戴维晚年任教的地方，芝加哥大学一直保持着德国研究传统以及西方

① 这里的“欧洲”其实是指“欧洲大陆”。——译者注

文化在本科课程体系中的核心地位。

《学术的中心》这本书尤为宝贵，因为它汇集了主要的当代学术传统，并解释了它们的历史互动以及当代问题。本-戴维讨论的美国、英国、法国和德国已然塑造了全球高等教育体系。事实上，可以说世界上所有学术体系都直接与这些国家的传统学术体系中的一个或多个相关联。美国的学术体系本身受到了英国大学理念和德国大学研究取向的强烈影响，又引入了"社会服务"的概念并建立了大众化高等教育体系。日本在明治维新后寻求发展现代大学时，主要借鉴了德国和美国的经验。"二战"后，美国大学的影响力增大，但德国大学的元素仍然影响深远。本-戴维概述了世界上最重要的学术体系的发展过程，从而使我们能够有效地理解现代世界各国大学之间的相互关系。

约瑟夫·本-戴维指出，他在1976年关于高等教育的思考，成了当时高等教育争议的焦点。他所关注的问题，例如高等教育在构建平等社会中的角色，高等教育在研究与教学中的角色，高等教育的政治化和学术自由等，在近二十年后仍然是非常重要的议题。当然，本-戴维所提出的分析问题、解决问题的方法都是基于他自己的观点和学术信念，因此我们并不需要在所有问题上都认同他的观点，但我们应该认识到他的分析是有用的。

菲利普·阿特巴赫（Philip G. Altbach）

序言二

当美国卡耐基高等教育委员会想请一位学者对不同国家高等教育体系的效率进行比较研究时，约瑟夫·本-戴维理所当然地成为首选。他对美国高等教育具有异常清晰的理解，这一点在他的另一本书中得到了体现。该书名为“美国高等教育：过去与现在的方向”（*American Higher Education: Directions Old and New*），是卡耐基高等教育委员会丛书中的一部，已经得到了国内外高等教育界的好评。他关于其他国家的高等教育系统的知识也同样渊博，这主要源于他亲身的经历和严谨的学问态度。我们很荣幸的是，他在繁忙、有时甚至是艰难的岁月里抽出时间，接受委员会的邀请，进行研究。现在，他的研究成果终于凝结成了这本书。

如果有人期望这是一项针对各国高等教育的投资与收益进行量化测定的比较效率研究，那他应该一开始就弄清楚作者并未采用这种方法。作者也没有试图从众多国家中采集比较数据。相反，他选择把精力集中在四个国家中，它们的高等教育体系都对其他国家产生过显著的影响。通过历史地研究这些体系，他首先论证了高等教育体系的效率与这些体系发展过程中所处的社会、经济和政治环境紧密相关。更重要的是，他指出高等教育体系的效率与其功能是分不开的。

本–戴维教授写作本书是为了提醒我们，17、18世纪西方高等教育体系的改革，在很大程度上聚焦于打破高等教育机构中传统的高深学问职业（learned professions）[①]的垄断地位。仅仅从对学术行业的影响来看，这些改革在法国、德国和英国产生了截然不同的结果。但是它们的确使高等教育的声誉和效益拓展到了其他新的专门职业之中。本–戴维教授认为，当今高等教育中最成功的就是专门职业教育（professional education）[②]。

但是，高等教育系统的其他功能发挥得就不尽如人意了。通识教育在欧洲大陆从来没有得到很好的发展，但在美国它曾经被认为能够发挥强大的功能；现在，它仍然被认为是重要的，只不过在各国都深陷困境之中。本–戴维发现，学术研究在他描述的每一个主要的学术中心都十分有趣地具有不同的特性；然而，学术研究现在在两个方面受到了损害：第一，它与通识教育的联系在减弱；第二，它无法仅在大学的范围之内生存。与其将政治批评这一功能看作是一个可怕的新来者，还不

① 在西方语境中，profession指的是需要大学以上学历教育并以服务他人利益为导向的职业。为与一般的职业（career）相区别，中文一般将profession译为"专门职业"。传统的专门职业包括律师、牧师和医生所从事的职业，即是此处所说的"高深学问的职业"（learned professions）。随着技术的兴起和教育扩张，工程师、药剂师、心理咨询师、护士、教师、社会工作者等也被纳入专门职业的范畴。——译者注

② 本书根据中文语境有时也将professional education译为"专业教育"。——译者注

如说它一度就是一项被认为是理所当然的、不引人注目的且被小心地控制着的功能。将来缺乏这种控制的时候，这种功能将有可能严重干扰高等教育机构，在高等教育机构与社会间引发不满，使必需的财政支持遭到削弱。本－戴维教授也把促进社会公平与正义看作持续存在的而不是新生的功能。这种功能所产生的问题可能更多地与不充分的解决办法而不是这种功能本身有关。

如果我们看待大学时仅仅注意到它们目前存在的各种不足和问题，那么我们会感到惊愕。通过对这些国家高等教育的努力进行历史的研究，本－戴维教授能够帮助我们避免这一点。问题是可以补救的，本书作者就给出了一些方法。这些方法不一定能很快被接受。部分方法将不可避免地引发论战。虽然我们不会轻易地获得进步，但可以通过持久而认真的努力来实现它们。这种很恰当的乐观估计，希望留给本书——卡耐基委员会高等教育丛书的最后一本——的读者去思考。

克拉克 · 克尔（Clark Kerr）

卡耐基高等教育委员会主席

1976 年 11 月

第一章　绪　论

高等教育的扩张从来没有像60年代那样快、那样广泛过。[①]1960年到1965年之间，工业发达国家的高等教育每年以4.2%～16.2%的速度增长。[②]高等教育的增长贯穿于整个60年代（Ushiogi，1971，p.351），但在70年代突然停止下来（Carnegie Commission，1971，pp.2–3；Freeman & Breneman，1974，pp.3，14）。1968年和以后的学生暴动以及“二战”后的经济大萧条加剧了这种情况的恶化。这些事件使公众对人类用理性及科学方法解决社会和经济问题的能力失去了信心——这种信心会支撑公众去支持高等教育——从而不可避免地引起大学收入的减少。高等教育命运的剧烈摇摆引发了学术界大范围且深层次的不安。

知识分子对这种意想不到的命运变化所持的反应是社会失范（*anomie*）状态的一个典型例子。社会失范是埃米尔·涂尔干（Emile Durkheim）发明的一个概念，用于描述意料之外

① 当然，高等教育体系新建或者激进改革的时期除外。

② 唯一的例外是南斯拉夫，其增长率是1.3%。但是这一较低的数据是由于在这之前的五年中，南斯拉夫的年增长率高达11.9%（Organisation for Economic Co-operation and Development, 1971, p.44）。

的社会变化，例如经济周期的起落所引起的迷茫（Durkheim，1951，pp.241–276）。在涂尔干看来，迷茫之所以产生，是由于人们倾向于根据当前的趋势来预测将来。在到达经济周期的高点或低谷时，人们失去了判断标准。在经济短暂地飞速增长的时候，人们过于乐观地借款和投资，直到发现自己破产才罢手。当经济紧缩的时候，他们的行为正好相反，但同样是以灾难而告终。当然，并不是每个人都会成为灾难的牺牲品。很可能大部分人都保持谨慎，或者至少他们运气很好。但这种迷茫和缺乏规范与理性期望的感觉影响着每一个人。

事实上，高等教育现在也处于这样一种失去方向的迷茫状态。50 年代晚期和 60 年代早期对大学教育和研究的需求快速增长，由此带来对新毕业生无限量需求的美好前景，并且使人相信可以使知识转化为金钱或至少转化为金钱能买到的任何东西的新型炼金术。[①] 但这种乐观的前景在 60 年代末期迅速、彻底地改变了，大学的扩张速度开始减慢，而且学生的激进主义打破了学术生活的宁静。于是开始出现有关西方科学和所谓的精英高等教育（即旨在提高个人能力的高等教育）走向衰落的新预言（Blanpied，1974；Roszak，1974）。即使我们中那些不承认这些预言的人也得——至少暂时地——面临这样的事实：对高等教育和科学研究的需求减少；即使有令人兴奋的新发

① “社会正在支持科学的结构，而且为之投入越来越多，因为科学家的研究成果对每个人的力量、安全感和福祉都至关重要。人们认为一切都依赖于科学家，如免于被军事攻击的自由、免于疾病的自由，等等，因此，科学家现在掌握了国家的钱包”，参见 Price（1963，p.111）。也可参见 Bell（1968，p.198）以及 Denison（1962）。

现，也无法缓解科研领域里的士气低落。

在过去的两年里，这种严重的危机结束了。除了有少数例外，高等学校的学术活动都开始回归正常。但高等教育的经济困境仍然找不到任何的解决办法，不过即使在这方面，大多数国家仍然保持着相当大的稳定性，情况不像两三年前那样令人绝望了。但乐观情绪并没有复苏，建设的主动性也没有恢复。对高等教育的未来以及研究的未来的怀疑和不安一直没有消失。与 20 世纪 70 年代早期相比，这些问题看起来没有那么严重了，但也只是因为我们开始变得适应这种状态，从而常常忽略它们而已。整个领域仍然缺乏方向感，仅仅是希望学术机构存活下来便被视作乐观主义，更没有人幻想它能有重大的进展。

学术界的这种士气低落的状态将有可能成为长期的顽症，如果没有人们的努力，仅仅靠时间是无法治愈的。因此，看待问题时设法尽可能地不受主流情绪的影响，这也是非常重要的。为了避免把当前的困境看作是影响未来的唯一决定性因素，我们需要尝试着把西方高等教育的主要体系看作历史性的实体。也就是说，去观察高等教育的出现是为了回应何种需求，它们的结构是如何形成的，它们如何应对变化着的需求和机遇。希望这种做法可以提供一个有用的视角，把高等教育的现状看作是有着上升和下降的连续发展过程中的一个阶段，而不是一个突然的或者终极的危机。

然而，必须强调的是，这个视角不会提供预见未来的一个充足基础。即使这种视角能完全解释高等教育过去和现在的状态，它还是无法预见高等教育的未来。社会公共机构是开放的系统，没有人能知道它们的未来是否同样地会为那些决定了它们过去和现在的变量所决定。有一种情况尤其使预测无法实现。直到现在，现代高等教育几乎仅仅在欧洲和北美发展起来。其他地区的高等教育很大程度上在效仿欧洲和美国的模式，欧美在高等教育上的领导地位仍然没有受到任何重大挑战。[①]

在欧美模式所具有的特征中，"学术自由"原则一直是最重要的原则之一。按照这个原则，高等教育和研究必须不受政治的、宗教的和意识形态的控制。在20世纪20年代和40年代之间，这条原则被极端主义团体践踏，除了在瑞典和瑞士外，几乎所有其他欧洲大陆国家的"学术自由"原则都被法西斯分子和纳粹政权及其控制的范围暂时或永远地破坏了。唯一持续保护了学术自由原则的学术中心国家只有英国和美国。[②]这些国家在世界高等教育中的重要地位确保了学术自由这一信念的存留，甚至在学术自由并未得到政府重视的那些国家中也是如此。这是各地高等教育呈现某种目的、利益和规范统一的重要条件。甚至在那些任何事务都从属于政府的国家，高等教育系统事实上都保持着很大程度的独立。

但是，这一切可能将被彻底改变。甚至在当今的英国和美

---

① 当然，这并不是说这种领导地位总是被欣然接受的。在世界的其他地方，也有一些试图宣扬他们的大学在文化上独立于欧美中心的尝试。但是，迄今为止，这些尝试基本上是意识形态性的，没有产生在科学上能够站得住脚的高等教育体系（参见：Foster，1975；Yesufu，1973）。

② 这并不是说学术自由在这两个国家完全没有受到侵害。已故的参议员麦卡锡（McCarthy）在20世纪四五十年代所引发的对学术自由的侵害相当严重。但这些侵害没有到完全废除学术自由的地步。

国，大学对政府的依赖比先前任何时候都要多。这意味着，它们站在独立的视角去考虑政治和意识形态问题的能力至少潜在地受到了威胁。而且，现在全球范围内对学术自由的敌意似乎比过去一百年来更多。全球大部分地区的大学都处于严格的政治控制之下，老师和学生很少有或没有表达自己想法的自由。国际文化组织机构，例如联合国教科文组织，都被政府支配着。对于政府来讲，对科学真理的关注常常为政治的考虑所压制（Hoggart，1975），甚至国际学术团体也不得不顺从政治的需要而不尊重科学自治。[①]

这些进程已经严重阻碍了大学机构的自治，并使它们受到各种外界因素的影响。如此一来，基于已有经验对大学进行总结和预言变得比以前更加困难。因此，社会学分析在影响未来方面的主要贡献不在于预测趋势，而在于启发决策。对过去和现在的深入理解能够揭示过去行为所带来的意外后果、现有安排的潜在作用，以及结构和功能之间通常不易被觉察的联系。这应该能够帮助决定哪些东西值得保存、哪些不值得。这本书中所做的分析就是想为这些决策提供帮助。

研究范围

完成一本关于全世界的高等教育的书是一项超出作者能力的事业。然而，本书中将讨论的体系——英国、法国、德国和

① 这方面的一个例子是选举国际科学协会主席团成员来代表各政治集团的惯例。在社会科学中，这种安排实际上用于在国际会议上进行政治宣传（参见Worthington，1975）。

美国的高等教育体系——不是随意选定的，而是因为它们是世界体系的核心部分。中国、印度、日本和苏联也有大型的和重要的高等教育体系，其他一些小的体系也很重要。但是到目前为止，这些体系的影响都没能超出它们自身的国界或者它们政治上控制的地域。相反，法国、德国和美国的体系曾依次作为世界高等教育的中心和模范，而英国也从 19 世纪初期开始持续地作为次中心存在（Ashby，1966；Shils，1966；Ben-David，1971，pp.19–20；Yuasa，1974）。它们之所以能成为教育的中心，是因为它们在很长一段时期内取得了高度的、全方位的科学成就和科学自主。很难想象，如果在过去的 200 年里仅仅有意大利、瑞典或者瑞士这几个国家在发展科学，当今的世界会是什么样子。但是英国、法国、德国和美国各自都以其实际发展的大致相同的方式发展了现代科学，尽管进程有些缓慢。[①] 这些国家科学自主的其他标志，包括它们多大程度上能够将本地出版物作为第一手资料进行教材的编纂或建立高水平的导论课程，以及在最重要的科学与学术领域对本国国民提供高水平的训练。

这并不是说这些国家的科学研究水平就比那些小一点的国家或边缘国家的要高。部分边缘国家，例如荷兰、瑞典和瑞士，也有非常出色的高等教育。但是它们的出色在很大程度上源于其教育体系对那些教育中心的开放。因此，苏黎世大学和苏黎世联邦理工学院（*Eidgenössische Technische Hochschule*）

---

① 对美国而言，这个概括只是在过去的一百年里是准确的。一直到 19 世纪 70 年代，在科学上，美国还是一个边缘国家。

的优秀在很大程度上表现在这些机构具有吸引来自德国的年轻学者的能力。这些年轻学者有潜力成为学术带头人，却还需要营造良好声誉才能获得如柏林大学、慕尼黑大学、莱比锡大学或者维也纳大学等更靠近中心位置的德语大学的邀请（Gagliardi，1938，p.552；Zloczower，1966，p.47）。荷兰的大学与斯堪的纳维亚的大学能够保持它们的优秀教育，是通过其学者的世界大同主义。这些学者几乎都能说流利的英语及德语，通常还能说法语。他们通过在国外学习和工作，同世界中心保持密切联系。在20世纪30年代，随着德国逐渐丧失其在科学上的领导地位，这些国家的学者们也很快将其关注焦点从德国转移到英国和美国。那个时候，在科学中的一个重要领域——理论物理学，哥本哈根甚至一度短暂地成为一个世界中心。

在刚刚步入发达行列或仍处于发展中行列的国家，例如伊朗、以色列、日本和土耳其，其新兴的科学共同体采取了类似的策略。那些边缘国家由于政治原因或语言原因会较慢地适应世界中心的转移，它们和那些能够快速适应或很幸运地依附于一个兴盛的世界中心的国家相比要逊色一些。因此，比利时和瑞士在科学上都遭受了损失——相对于荷兰和斯堪的纳维亚国家而言——因为它们忠诚地跟随原世界中心的德国和法国，即便它们已经逐渐变弱。印度和其他原英属国家在科学上比原法属国家做得要好，可能主要原因是英国这一世界中心的科学影响力更大，而且它们在语言上与后起的世界中心美国所保持的联系更紧密。阿拉伯语国家和西班牙语国家很可能同样地在科学发展过程中遭受损失，这是因为它们本身构成了足够大的文化区域，因此本国的学者不太愿意和外国的中心建立联系；然而到目前为止，它们也没有发展出自己的科学中心。当然，日本也潜在地处于同样的状况，因为日本学者的本土观念非常强烈。但是，这种狭隘的本土观念已经因日本政府深思熟虑的政策以及“二战”后美国的占领而中和了。

研究这些边缘国家的战略的不同之处将是一个有趣的课题，但它有别于研究那些科学中心国家的高等教育体系。用一本书全部专门研究后者似乎是合理的，虽然它只是整个故事中的一部分，但它是非常重要的部分，且有着自身的连贯意义。

第二章　现代高等教育：它的出现及其结构

所有的文化社会（literate societies）[①]中都有高等教育机构，用以培养和传承代表其最高水平的学术传统。柏拉图学园，亚里士多德学园，中国、印度、阿拉伯国家以及犹太人的著名学府都致力于培养英才，让他们能够跟随学识渊博、思想创新的名师学习。这些教育机构所从事的活动跟当今的教育机构大同小异。如果柏拉图、亚里士多德或者欧几里得突然出现在我们中间，在一定时间内，他们很可能会赶上我们当今的发展并被聘为任何一所大学的教授。因此，我们谈到现代高等教育时很可能会陷入困境，就像马克斯·韦伯（Max Weber）与其同时代的人谈论现代资本主义时遇到的情况一样。高等教育、资本主义，以及其他社会制度都经历了很长一段时期的发展，而它们的发展并不能被精确地拆分为几个阶段。

尽管如此，现代高等教育体系——很多人认为它还在发展过程中——还是具有确定的特征，使它同以前的体系区分开来。这些特征就是强调专门化，以及它所培育的开放性传统。通识教育或博雅教育的观念如今依旧存在，许多在美国的学

---

① 文化社会，或者说有文化的社会，指人们普遍具备阅读和写作能力，文化程度较高的社会。——译者注

生——虽然其他地方没有这样的学生——还在为文理学位[①]而学习。然而，文理通识课程体系并不是统一的，而是由或多或少的专门化课程（specialized courses）组合在一起的集合体。除了这些学生一同学习它们之外，这些课程间几乎没有关联之处。此外，这种模糊的文理通识传统也仅是在攻读第一级学位过程中被承认。所有的高等学位都被专门化，期望向学生传授专门化的知识和技能，因为这些知识和技能能够（至少原则上能够）在专业活动中得到实际应用。这最终也包括文理基础学位（degrees in the basic arts and sciences），它们能够证明拥有该学位者可以胜任教学工作。

这种体系同非欧洲国家高等教育实践以及 19 世纪前的欧洲教育实践截然不同。虽然 18 世纪的欧洲经常讨论专门化高等教育实践，但几乎没有进行实验，也没能系统地实施。苏格兰的大学和一些欧陆大学改进了它们的医学教学（也包括化学教学）；高水平工程学校的创办不仅得到了很多人的拥护，而且也进行过几次实验，例如法国的国立路桥学校（*Ecole nationale des ponts et chaussées*）以及德国的弗赖贝格工业大学（*Bergakademie*）。但是直到 18 世纪末，高等教育中压倒性的做法还是从事古典语言的教学以及经典文本的阅读与阐释。例外情况是苏格兰的大学和一两所经过改革的德国大学，它们引入了现代学科，用本国语言而不是拉丁语来教授所有的知识。

① Liberal arts degree：本书译为文理学位。美国大学本科一般要求学生选择某一个专业（Major），但也有少部分学生不选择特定的专业，而选择攻读通识性的文理学位。——译者注

但是，即使在这些大学里仍然几乎没有专门化（specialization）和研究（Paulsen，1921，p.109−113，126−148；Taton，1964，p.18−23，179−184；Sloan，1971，p.23−32）。

大学里仅有的专门化研究包括法律、神学和医学，而这三个学科的专门化程度实际上也很有限。对于神学家来说认识希腊文和拉丁文非常重要，而律师也应该学会拉丁文。他们都受益于掌握正确解释文本的技术，因为神学家和律师的工作部分地建立在此基础上。但是没理由相信一个能够阅读名医盖仑（Galen）原著的医师，会比一个通过做学徒掌握医疗知识的医师更加称职。即使是接受过现代科技培训的工程师，例如法国和德国工程教育试点学校里的那些人，也不见得会比在英国从学徒做起的工程师强多少（Béland, n.d.）。

的确，高等教育（包括专业教育）的目的并不是为一系列专业而培训学生，而是传承人类文化遗产。这并不是说教育不具有实用性。在许多方面当时的教育比现在的还实用，因为有文化意味着具有与众不同的能力，能够获得荣誉和职业优势，尤其是在那些所谓的有学问的领域，例如法律、医学和神学里更是如此。这些优势是基于以下看法作出的判断：有学问的人是聪明的，学习可传授的智慧、技能和思考的习惯，能应用于一个人所做的任何事情上。但是不能这样假定：一个人可以把他所学习到的理论知识直接应用于解决技术问题，除了在法律方面某种程度上可以这么说。当然，一个人可以直接把他学到的知识应用于教学，但从教本身并不是一个令人尊敬的职业。仅仅是那些有较高社会地位的法律、神学和医学教师才能真正受人尊敬。学生在高等教育中通过学习专门学科来获得实践操作的能力，期望借此过上受人尊敬的体面生活，这种高等教育大体上可以说是19世纪的发明，虽然这种教育设想在18世纪甚至更早以前也曾经有过。

19世纪的另一发明是前文提到的大学自身所培育的开放性的传统。人们期望科学和学术不断向前发展，高等教育也必须跟上发展的步伐。这基本上说明了当时的大学都开始同时从事研究和教学。从这个方面也可以说，现代高等教育与较早期的高等教育并没有严格的区别。引领学术潮流的知识分子通常是高等教育机构里的优秀教师，人们期望他们对学问作出独创的贡献，能够发现现有传统中的矛盾之处并加以解决。有时候，这些学者可以将传统看成一个整体，发现其内在逻辑并以一种更新颖有效的方式将之系统化，在这个过程中解决传统的许多问题。向系统化转变的代表，如12世纪迈蒙尼德（Maimonides）创建的犹太法典的传统，以及13世纪托马斯·阿奎那（Thomas Aquinas）创建的基督教神学的传统，就是这种科学的功绩。在18世纪，许多大学教授，例如伯尔尼的哈勒（Haller），莱顿的博尔哈夫（Boerhave）和爱丁堡的布莱克（Black），都从事经验主义科学的研究工作。

但是大学把学科转化或分解为具体专业，或完全建立一门新学科，或联合不同的学科以创造出一种智识能力来解决现实问题，这种思想直到19、20世纪随着大学有计划地开展研究才出现。

现代高等教育系统的发展趋势

在法国、德国和英国，高等教育的现代化是由哲学家、学者和管理者开启的。在英格兰，管理者的作用无足轻重，倒是那些边界模糊的由专业人士、一些商人和社会知名人士组成的群体在发展过程中扮演了重要的角色。在法国，同样也有这样的一个群体存在，但是他们中的成员所起的作用比在英国要小。在每个地方，这些现代化的开拓者都对大学校园内的古典教育与大学外发展起来的新科学研究及现代文学-哲学文化之间日益扩大的鸿沟很不满。他们认为，在专业事务、教育领域和管理工作中，接受过大学教育的人享有就业特权是不公正的，一部分原因是他们认为古典教育和这些工作大部分并不相关，还有一部分原因是高等教育的质量往往很差。他们相信，更加现代和科学的教育将更加实用，也应该比现在盛行的教育更加民主。他们坚信科学的实用性，特别是在医学和工程学领域；他们还认为，通过一种在与工作相关的领域授予特殊技能资格证明的教育，来挑选行政精英，比仅仅依据只能证明通识学问（general learning）的大学学位来挑选要更为公正，因为这些通识学问和工作之间的关系是可疑的。这并不是说古典教育不受他们待见，而是他们觉得它在高等教育中的统治地位有些被夸大了，并且不管从学术层面还是从实用层面来说，大学的特权地位是没有得到证明的。

在整个 18 世纪直到大约 1810 年之间的所有教育改革，其目的都是建立专业化学校（specialized professional schools）来代替大学学院（university faculties）。在被宽泛称作“高等教育”的领域内的革新，大多情况下是指大学以外的专业学校的建立，例如前文提到的工程学校和培养军事技术人才的学校，或者指大学以外的科学教授职位的创立，例如法兰西学院（大革命前叫“皇家学馆”）或者巴黎自然历史博物馆（那时叫法国皇家植物园）的科学教授职位的创立（Carr-Saunders & Wilson，1933；Hahn，1971，pp.185-193；Hans，1951，pp.209-219；König，1970，pp.22-29）。德国在工程学和医学教育方面设立了相似的专门机构。在英国则有私立的医学学校，而像法律和工程这种重要职业的训练是通过私人学徒的方式进行的。批评大学的必然结果，就是这些机构的设立。它们普遍比较专业、实用而且没有与生俱来的特权。它们可以为那时候在大学里找不到一席之地的科学家提供教职。例如，贝尔托莱（Berthollet）和福克罗伊（Fourcroy）在法国皇家植物园里讲课，而在大革命之前拉普莱斯（Laplace）在军事学院教学（Crosland，1967，pp.98、102）。

启动改革想法的知识阶层并不是在一个社会真空中行动的。低层的专业人员，例如技师、药剂师等，羡慕那些传统专门职业的人，他们对改革也抱有很大的兴趣。在法国，这些群体没有很好的组织，也没有针对他们的明确的政策。他们在 1793 年关闭大学和学院（academies）的活动中起了关键作用，却把建立新机构的权力交由知识分子和公务员掌握。而另一方面，在英国，利益集团素来有协同行动的传统，因此即将出现的低层专业群体在改革中发挥了很重要的作用。

在德国，或者更精确地说在普鲁士——普鲁士当时是德国的学术中心，也是仅次于奥地利的政治中心——情况则大为不同。整个 18 世纪，普鲁士统治阶级追随了法国启蒙运动。他们对传统大学的支持很少，而是倾向于用实用导向的专业学校（professional schools）来替换它们。就像前文已经指出的那样，在 18 世纪末，这样的学校层出不穷。如果在这件事情上低层专业人员拥有话语权的话，他们很可能会接受这些改革。他们中的一部分人，例如药剂师，已经建立了属于自己的专门学校。

然而，在德国起决定性作用的阶层是知识分子，与法国的知识分子阶层相比，他们的影响力甚至更大。但是，德国知识分子与法国和英国的并不相同。在法国和英国，知识分子是新兴资产阶级的一部分，他们中有相当一部分属于上流阶层。在法国，知识分子常常和上层公务员的意见一致，而有一些上层公务员本身就是知识分子。

在普鲁士，以及德国的其他地方，知识分子常常来自更加普通的社会阶层。他们中的很多人是牧师的孩子（在德国，牧师的社会地位比在英国低）。由于世俗主义精神的发展，知识分子不再像从前那样加入牧师行列。他们让自己对更广泛的学问与系统性思考——也就是后人所谓的哲学——以及文学感兴趣。他们首先寻找稳定的收入，同样也期待得到社会的认可——这两者都是他们很难获得的东西。比较而言，资产阶级更加贫穷落后，贵族阶层没有任何教育的传统，他们中少数对教育感兴趣的人更愿意接受法国教育而不是德国自己的。当时在德国国内没有太多吸引人的职业，只有做公务员、老师，以及比英国和法国更少的做自由撰稿人的机会（Brunschwig，1974，pp.119–163）。大学职位提供了吸引人的工作，但是这些大学是传统的机构，由法律、神学和医学的专业教学人员主宰着，而且自从它们从属于国家和教会的管制后就不允许有言论的自由。大学也成为思想贫乏的机构，部分是因为这种控制。

对大学的所有不满本应使德国的知识分子接受用专业学校代替大学的启蒙思想。但是这种观念被那些较之于德国文化更喜欢法国文化，较之于哲学和文学更喜欢科学的上层官僚抢占了。专业学校很少需要哲学家和人文主义者。因此德国知识分子的运动既反对老式的大学，也反对新的专业学校（König，1970，pp.65–97，pp.102–107）。

美国高等教育改革的发起比欧洲晚得多，而且较之于欧洲的改革它更为直接地受到了德国的单一外来影响。因此，我们可以把美国的改革看作是欧洲改革的延伸，尽管存在相互的影响，欧洲主要国家的改革还是主要取决于本国的传统和国内的社会力量。故而，我将先谈欧洲国家，然后再说美国的情况。

新体系

各地（除了英国部分地区之外）相互冲突的群体把他们的精力集中在政府这一仲裁者上，因为它具有改变高等教育体系的权力。但是英、法、德这三个国家的政府在高等教育改革中所发挥的作用很不相同。

在法国，改革运动从一开始就试图把政府作为一个赞助者。几个世纪以来，有两股势力一直不合。一股是中央行政机构，另一股是专业的行业协会，包括代表特殊社会价值观的由教会主导的大学。行政机构中的公务人员并不是不同情改革者，他们甚至在旧政权统治时期多次采用改革者所提倡的政策。但是在旧政权统治时期，只能谨慎地进行局部改革，因为即使行政机构通常在原则上同情改革，但政权还是一门心思地想要维护其传统特权。

法国大革命清除了完成改革的障碍。1793 年，大学和旧政权的其他机构一道被废止。1794 年出现的新的教育体系由一系列专业学校组成，这些学校培育当时国家需要的教师、医生和工程师等人才。科学研究和科学化的哲学将继承古典学在中等教育和高等教育中长期占据的中心位置（Liard，1888，pp.255–311）。

最后，在拿破仑统治下，科学化导向被削弱，对于新的科学哲学的强调被彻底抛弃，中等教育里的古典教育的重要性得以恢复。但高等教育在很多领域仍然走着专门化教育的道路。医学和法律方面的专业学校现在被称为学院（faculties）。这些学院并不是大学的一部分，而是教育体系中的独立单位（“大学”在拿破仑一世时期是专用术语）。另外还有中央专业学校，如法国的大学校（*grandes écoles*）①，为高中的高级班

① 在法国，大学校是对独立于大学之外、与之平行的高等专业学校的总称，是法国精英高校的代表，如巴黎高师。——译者注

以及高校培养师资，并培养精英工程师，而法国应用高等学院（*écoles des applications*）则培养各个工程领域所需的人才。

在 19 世纪 70 年代前，科学与艺术学院（the faculties of arts and sciences）并不是真正的教学机构。它们的功能只是为高中（lycées）和学院（colleges）的学生进行测验和授予业士学位（*baccalauréat*），以及为有兴趣在那些机构里从事教师职业的人发放许可和教师资格证书。教授们也会发表演讲，但是听众更多是一般大众而不是学生。在人文学科，古典学（classical learning）是各种水平考试的重要内容，大概是因为它对于在高中教书很重要。

最后，从 19 世纪 70 年代开始，科学和文学学院（the faculties of sciences and letters）变为真正的且日益专门化的教学机构，并且在 1896 年，"大学"（university）这个名字重新被引入，用来为诸学院的松散联合体命名（Prost，1968；Zeldin，1967）。但事实上，直到 1968 年，不同的学院才合并为一个真正的联合实体。

从组织上讲，这个体系的一大区别特征是它完全服从于中央政府。如上面指出的，这曾是法国改革者最初的目的，对他们来说，敌人并不是政府而是特权群体和特权机构。整个教育体系服从于政府被视为进步之举，尤其是在大革命之后，政府成为或期望能成为人民的代表。哲学家和科学家并不反对政府控制，尤其是在新的民主政府实施了精英统治，且在教育政策形成过程中吸纳了科学家和思想家的意见之后。

制定这些政策的目的，是在初级教育阶段培养既爱国又有文化的公民，在中级教育阶段提供某种良好的通识教育——这种通识教育其实与旧政权下的通识教育并没有多少不同。高等教育是某些特定群体的禁脔，包括那些想在政府部门中从事特定职业（如想在大学、中学和学院里教书的职业）的人，或者想在法律和医学等公共责任领域工作的人。这个体系并没有设计一个由特权性的高深学问职业组成的一般类别。考试——通常是竞争性的——和学衔仅意味着人们能胜任那些需要专门知识的公共职位。否则，一个人需要什么样的教育和培训完全取决于他自己。

高等教育机构中的教学应具有学术性和科学性的特质。许多教师都是出色的学者与科学家，将自己的大部分时间投诸科研（而教学任务较轻）。在高等教育机构中开展研究工作并不是必需的，学生也不是一定要参与研究工作。政府支持研究工作有两种方式，一种是通过专门研究机构，如自然历史博物馆，另一种是通过对个人提供津贴，但是政府的这种支持与对教学的支持和组织是分开的。

因此，法国的改革显然实现了 18 世纪那些批评大学和专业组织的人士的目的。他们通过一系列看似实用主义的安排取代了大学对教育的垄断地位和高深学问职业的特权。专业训练的内容根据有效实践的需要来制定，而不是根据旧大学或专业行会等学术权威机构的意见来制定。

统治阶级与学术专家之间的关系也发生了彻底的变化。大体上讲，两个群体都失去了他们封闭的社会特征。政治家、行政人员和专家应该建立起一个联合的精英群体，要进入这个群体不是凭借阶级出身和世袭身份，而是凭借个人的才能。

在英国，革命没有发生，甚至高等教育都没有经历一次计划性的全面改革。旧大学与特权行会都没有被废除（Armytage，1955；Reader，1966）。相反，这些机构的批评者，包括有志于取得专业地位的职业人士以及科学家和哲学家，获得了属于他们自己的全部权利，并建立了职业训练和职业资格证书体系，成立了新大学以便能与旧大学竞争。因此，和近乎全部由政府控制职业训练的法国不同，英国维持了基于大学和专业团体间合作、政府仅保留监管之责的双元制。这些改革并没有废除职业特权，但是通过把特权更广泛地分散开来而减轻了它所引起的不满。再也没有一种特定的学问或特权道路能通过牛津、剑桥等古老的大学而通向高深学问职业。

就像其他改革一样，英国的改革意味着古典教育作为高深学问职业一般基础的地位被废除。古典教育仍然是专业地位的重要前提，但它不再是充分条件。资格考试越来越需要专业化知识。此外，曾作为专业训练之重要组成部分的学徒模式，成为高等教育体系的一个正式组成部分。

因此，尽管英国与法国的学者、科学家、哲学家和底层专业群体，作为专业改革和大学改革的先行者有相似之处，并且他们的思想也确有相似之处，但是两个国家中出现的体系还是有很大不同。专业行会的特权受到攻击，传统教育对专业的重要性在法国和英国受到质疑。而且还有一个共识就是，“高深学问职业”这种思想应该被一系列学术和实践训练计划取代。

但在法国，专业行会（包括大学中的专业行会）的自治权被剥夺，取而代之的是由专业行政机构集中设计和监督的一个由专门化机构和考核组成的体系。英国政府更不情愿承担高等（或其他）教育的责任。除了一些私立的医药学校，在英国仅有三所公立学校和一所类似于法国应用高等学校的私立学校。这三所公立学校是：位于伦敦沃尔维奇的皇家军事学院（Royal Military Academy），这是一所专门培养炮兵和工程指挥官的学校；国家矿务和应用艺术科学学院（Government School of Mines and of Science Applied to the Arts，1851）（即后来的皇家矿务学院［Royal School of Mines］）；以及科学师范学院（Normal School of Science，1872）。私立学校是皇家化学学院（Royal College of Chemistry），最终被合并到皇家矿务学院里。1907 年，这两所公立的科学学校被合并到帝国理工学院（Imperial College of Science and Technology），成为伦敦大学的一部分。大学和专业行会保留了训练的职能。从组织方面来讲，19 世纪中期之前的唯一变化就是新协会和新大学的增加。

德国高等教育改革运动完全由哲学家和学者发起，这一群体与法国和英国的改革团体不同。那些期望获得专业地位的职业群体在德国的改革运动中没有发挥作用，因为他们的力量微乎其微，而且分散在许多中小城市里面。不同于法国和英国，德国是由许多独立的小州组成的，不存在像巴黎和伦敦这样的中心，而所有重要事情都发生在这些中心。这也对知识分子产生了影响，但比对专业人士的影响要小一些，因为书籍和杂志能广泛地流通。因此，运动的全部目的就是为新型哲学家和学者争取大学特权。他们不想废除大学特权，只想通过新型大学的建立来分享这些特权。

普鲁士政府所起的作用不同于法国或英国政府。它像法国政府一样有力且试图控制这一切，不过德国的旧体制直到“一战”结束才被彻底废除。因此，参加改革的哲学家和学者不会把他们自己看作统治集团的一部分，也不会像法国同仁那样选择相信政府。但出于对传统体制的尊重，德国政府愿意认可新大学的法团自治（corporate autonomy）措施，因为法团自治和旧体制的法律观念是一致的。

因此，革新后的大学作为专业教育的垄断机构而出现。[①] 在17世纪和18世纪时建立的学院和专业的职业学校（尤其是后者），在发展自然科学以及医学和工程学方面的重要性都下降了。医学被完全吸收到大学里，而没被吸收的工程学不得不接受次于大学专业的地位，这种状况一直持续到19世纪末期。

因此，德国高教改革不是减少了，而是增加了大学的重要性，从而遏制了早期用专业学校取代大学的倾向。

这种逆转并不意味着放弃高教改革的两个目标中的任何一个。从对于哲学和对于最新学术的强调来讲，革新后的大学更有现代性。在课程体系中，它并没有使实验科学发挥重要作用，这仅仅是因为实验科学在学术上的重要性和作为尖端研究学科的潜力没有被完全认识到。这些领域被赋予了和它们的重

---

① 对19世纪德国大学的权威描述参见Paulsen（1902/1966）。

要性看似相称的地位。毕竟，即使在自然科学的重要性被完全认识到的法国，自然科学在拿破仑的教育体系中也没有获得太多的地位。

大学特权令人反感的方面表面上也被消除了。大学将是享有声望的甚至是享有特权的机构，但是这种特权是基于真正的学术功绩，而不是基于由一般的、通常又很浅薄的人文学问所支撑的传统地位。首先，旧的专业学院即神学院、法学院和医学院的特权被取消了，这些特权对哲学型和学者型的知识分子来说是最难以接受的。专业学院不再被看作是大学中的更高等的学院，而文理学院（the arts and sciences faculty）也不再是其预备机构。现在，所有学院一律平等，都有权授予相同学位，包括博士学位。事实上，哲学学院成了最重要的学院。随着曾支配法学院和医学院的专业群体的传统特权的取消，学术成就也成了各专业学院招聘师资的标准。

如前文所指出的，底层专业人员要求拥有和古老的高深学问职业一样的特权，或者废除所有的行业特权，这两个诉求在德国的改革运动中没有出现。但这种专业人员只是在英国拥有重要的地位。在法国，政府通过接管整个高等教育体系和专业工作的资格认证考试来确保专业人员的机会均等。革新后的德国大学拥有研究的自由，并严格按照才能标准进行考试，这也同样很好地满足了这一目的。事实上，对于希望从事医学、法律甚至教学工作的人员，政府还会要求他们通过资格认证考试。因而德国的改革同法国一样，推动了课程体系的现代化进程，并且用一套基于才能（merit）标准的教育进步体系取代了传统的学术特权和专业特权，而这一体系直接或间接地被政府控制着。

德国的高等教育体系缺乏差异化，仅以单一类型的大学为基础，这是德国社会各阶层利益表达相对缺乏的结果（Brunschwig，1974，pp.119-163）。中产阶级既没有任何政治影响力，也没有任何有效的组织。普鲁士政府以及随后德国其他州的政府，都维持着甚至加强了大学及大学教授的特权。当然，这并不是认可传统的特权，而是推动一种原则上全部基于学术价值的新特权。但是因为学术价值的管理和评判都掌握在学术专家手里，仅把剩余的一点权力留给了政府，因此"教授阶层"的特权大到如此地步，这在法国是不可想象的，而这也与德国废除地位特权的总体趋势背道而驰。

德国体系的优势

吊诡的是，19 世纪中期，相对缺乏差异化的德国高校体系开始比其他两个国家更具有影响力。尽管德国在经济和政治生活中模仿了更工业化、更民主的法国和英国，但在学术领域情况则相反，特别是对于英国来说，其对于德国的模仿更甚。在 19 世纪中期，作为试图学习德国大学的结果，英国高等教育的多元性大幅度降低，到 19 世纪之末的时候英国的体系已经和德国一样日益单一化，并全部由大学组成。

偏爱大学而非偏爱某种包容了多种机构类型的体系，这种趋势源自德国大学在专门化的科学和学术研究方面的成功。直到大约 19 世纪 70 年代，德国大学几乎是世界上唯一能让学生获得科学和学术研究训练的大学。众所周知，研究的优势并没有带来专业实践训练方面的同等优势（Billroth，1924，pp.41–98），也没有带来针对那些不想成为科学家或专业人员的教育方面的同等优势，但是专业实践方面的卓越，或教育自身的卓越，比研究方面的卓越更难衡量。此外，和从事实践工作的专业人员不同，研究人员在国际范围内是相互竞争的。并且英国和法国的科学家在自己的临时实验室里工作，得不到任何帮助，但他们要与在配备齐全的大学实验室里工作，拥有很多学生和助手的德国对手竞争，这让他们感到极其沮丧（Cardwell，1957，pp.46–51，89–92，134–137；Guerlac，1964，pp.85–88）。

德国研究的成功应该归功于德国的大学：首先是德国大学“研究与教学相统一”的原则，其次是德国形成了综合性大学而非专业学院，再次是大学自治。事实上，如下面要说的，德国研究方面的成功，主要归功于原本为研讨班教师和化学实验室里的药剂师而设计的密集训练课程，由于各州大学之间的激烈竞争，这些课程对大学研究机构产生了远大于最初预计的效果。另外一个历史条件是，当时的德国体系几乎是唯一的研究和训练体系。

19 世纪下半叶，英国和法国应对这种挑战的反应截然不同。在英国，像牛津、剑桥那样具有很高威望和雄厚财力的学校，在 19 世纪变化了的学术环境中愿意并有办法维持自己的地位。它们的地位受到了伦敦和英国其他地方新兴的大学学院

（university colleges）[①] 的威胁，这些新兴的大学学院迎合了即将出现的职业阶层的需要。在专业训练领域内同这些大学学院竞争，是与牛津和剑桥的精英地位相矛盾的。采取德国发展学术研究的模式是牛津和剑桥现代化的一条道路，并可以以一种符合民主标准的方式（即通过科学成就）合法地维护自己的精英地位，也不至于直接陷入为稻粱谋的境地。

结果就使具有独创性的洪堡式大学理念发展出了改良版本（Ashby，1967，p.5；Flexner，1930，pp.274–278）。古老的英国大学专注于对基础性的文理学科的讲授和研究；把法律作为人文学科的一部分去讲授；在医学方面只教授基础的医药科学的知识，把临床实习留给教学医院。因此，专业研究事实上从属于学科研究，而在德国，尽管学科研究的观念占主导地位，但专业学院（the professional faculties）继续独立出来而且为数不少。最后，作为学者法人团体（corporations of scholars）的牛津和剑桥所享有的大学自治比德国大学更大。这两所英国大学拥有自己的财富，在经济和声誉上都不依赖政府，这一点和德国大学很不相同。

由于牛津和剑桥采用了德国的大学模式，那些开拓性的大学学院和专业学校失去了很多魅力。仅仅作为“社区服务站”，而不能同时代表一种新的文化理想是没有感召力的。于是，它们开始效仿牛津和剑桥。这些学校的很多教师曾在牛津

① 大学学院，指能够提供高等教育但不具备完整大学地位的机构，如 19 世纪的伦敦大学学院（University College London）。——译者注

和剑桥接受教育，这一事实更加巩固了这种趋势。因而一个以大学为基础的体系在英国形成了。但它远非德国模式的一个复制品。就像后文在对不同类型的大学体系的分析中会提到的那样，英国的体系设法保留住了一些自己的多样性，甚至在高等教育机构的多样性衰退后也是如此。而且，英国的体系从来没有完全抛弃多样性。尽管坚持统一的标准，但是各个大学在质量上还是不一样的，并且它们在学术课程方面的侧重点也各不相同。最后，从 1913 年开始，政府成立了研究委员会，以便设立非大学型（nonuniversity）的研究机构去从事一些和公众利益相关的有组织的大型研究。①

法国同样感受到了来自德国的挑战，但由于法国没有可望成功的大学，所以影响并不显著。②1880 年出现了一群改革家，即法国高等教育协会（*the Société de l'enseignement supérieur*），他们提倡建立德国 – 英国模式的大学，并且他们已经朝着让大学在研究方面占有一席之地的方向努力了。但是这种努力并没有一直持续下去。相反，政府建立了一些新机构。在 1868 年首先建立了巴黎高等研究实践学院（*the Ecole pratique des hautes études*）用来协调和支持不同学校和大学学院的研究；

① 在英国之前，德国也有了非大学型的研究机构，但相对而言它们并没有成为一个重要的组成部分。（参见 Organisaton for Economic Co-operation and Development，1967a，p.51。）

② 1802 年，拿破仑对法国整个教育体系进行了重新改造，成立了帝国大学。帝国大学由散布在不同地区的学部群（groups of independent faculties）组成。直到 1850 年为止，全国只剩下一所大学，即法兰西大学（*l'Université de France*）。——译者注

在 1939 年，这个功能最终被法国国家科学研究中心（*Centre national de la recherche scientifique*）接管，而巴黎高等研究实践学院在其他机构中获得了一席之地，为科研工作者提供工作机会，并为对研究感兴趣的学生提供实践训练。即使是 1968 年的改革意在使大学成为一个相对自治的实体并促使教学研究相统一，也没有改变大学系统的性质。专门化的大学校继续作为这个体系的核心和顶层，而且就如下面要阐述的，这个体系仍然作为一个包含了各个独立功能单元的统一整体运行，而不是作为由相互竞争的自治大学组成的体系运行（Zeldin，1967）。

美国体系

美国体系的现代化形式出现在 19 世纪 60 年代到 19 世纪末之间，它的历史不同于欧洲体系（Veysey，1965）。旧的美国体系与欧洲体系一样，几乎只强调古典教育及其拙劣的学术标准。但是，在美国既不存在教育垄断，也没有专业垄断，因此没有哪个特定的群体要求新体系更加公正，以及要求它基于学术价值而不是基于地位声望来行事。美国国内仅仅存在一种一般性的民主压力，要求高等教育向社会各阶层开放。

现代化的第二个必要条件，即更新科学课程体系，也是基于不同于欧洲的那些社会前提。在前面讨论过的任何一个欧洲国家中，都有许多有能力的学者和科学家，他们想取代效率低下的旧体制大学中的教员。他们对改革的要求，在一定程度上也可以说是新的知识分子阶级为了从不称职的在职者手中接管高教体系而进行的奋斗。

在美国几乎没有科学家和学者有足够的能力取代在职者，并且改革运动也不是根深蒂固的特权与落空的渴望之间的斗争。改革的首要目的是追赶上欧洲的高等教育。对现状的不满并不是产生于内部争论，而是源于接触了外国的优秀模式。从这个意义上讲，美国的例子也是“间接改革”的一个，它跟俄国、日本和亚洲其他地方以及非洲的高等教育现代体系的建立一样，都属于由外部驱动所引发的变革。

因而，新出现的体系是与德国和英国相同的大学体系。由于联邦政府不承担高等教育的责任，它就不可能像法国一样建立一套中央指导下的由专门机构组成的体系。在那些有可能进行集中指导和对高等教育机构功能进行集中划分的州级教育体系中，政府也努力建立州立大学和州立学院的差异化体系，但最终州立学院也发展成了大学。德国大学模式占据了支配性的地位，以至于很难想象任何国家会采用法国模式。甚至日本也采用了德国的高等教育模式，虽然对日本这个有着干涉主义政府的高度中央集权的国家来说，事实上法国体系而不是德国式的大学体系才更加适合它。

但是美国的大学保留了一些与德国和英国都不同的东西。在欧洲，教育公平的要求通过废除教育特权和专业特权以及建立基于学术价值的高等教育系统而得到了满足。在美国，真正地把高等教育的机会扩大到广泛的社会阶层而非仅仅是那些进入传统专门职业的人们当中，是更为强烈的要求。结果，通识性的高等教育，无论是作为高深研究的预备性教育还是作为终结性教育，即使在课程改革之后也保留了下来，低层次的专业教育也一样得到了保留（在英国和法国，经过最初的试验后，这种教育被剔除出了课程体系）。

德国体系的影响在研究生院里得到了证明——研究生院并没有取代大学中的学院（college），而是以一种高等研究的身份加入了它。这些培养博士生的研究生院是德国大学研究机构的升级形式，就像革新后的牛津大学和剑桥大学是德国本科教育的升级形式一样。

如此一来，美国的大学体系，尽管事实上或潜在地建立在相同单元的基础上（每个学院［college］都能发展成一所大学，而且很多都这样做了），但实际上是一个高度差异化的体系。这个体系中的差异是开放的和公认的，不像在英国那样是隐蔽的。甚至这种教育质量方面的差异也比在英国更广泛地得到承认和受到宽容对待。但是功能（不像质量方面）的差异化就像在法国一样，主要发生在各机构内部，而不是机构之间。

一种新的高等教育观念

截至 20 世纪初，所有的高等教育体系——除了在个别的西班牙语、葡萄牙语国家外——都进行了改革。在教育发达的欧洲国家，这些改革是国内的思想和社会进步的结果。其他地方，如美国，或新建立体系的国家如日本（Bartholomew，1971），它们的新高等教育都是以教育发达的欧洲国家为原型，尤其是以德国为原型。

如我们所见，在 19 世纪出现的这些体系在很多方面互不相同，例如组织结构、它们对中央政府的依赖程度、它们的课程，以及教学和研究的侧重方面。然而，尽管存在这些差异，所有的体系对于“高等教育由何构成”这一问题的答案是一致的。那就是：这个层次的教育必须以专门化的科学和学术为基础，而且必须与研究挂钩——在这一点上，至少在某种程度上，教授应该是合格的和成功的研究人员。另外，高等教育的适当领域应包括基础性的文理学科，并包括基于像医学这样的基础科学的专业研究，以及像法学和神学那样自身拥有复杂思想传统的专业研究。

这就和 18 世纪末和 19 世纪初高等教育改革者的看法有些不同了。他们不会把经验主义的尤其是实验性的研究同教学联系起来，他们会把专业教育看作一种职业教育，而不是和基础性的文理学科紧密相关的东西。但是，19 世纪高等教育的成就符合 18 世纪末和 19 世纪初的改革者的原则，如果说没有符合他们的具体计划的话。新高等教育立基于现代科学和学术，而不是立基于古典学问，并且它授予专业地位是以具体领域的特有能力为基础，而不是以测验通识教育成绩的考试或特权行业的身份为基础。

学位授予标准的特殊性和普遍性满足了公众对社会正义和学术诚信的认知。原则上讲，所有改革后的高等教育系统完全是精英主义（meritocratic）的和实用取向的。设计这一系统仅仅是为了培养精英阶层，这一事实不会招致不满，只要学生的选拔看上去公正，只要对受过良好教育的社会阶层，如医生、律师、大学和中学教师以及高等公务员等的需要没有受到质疑，只要人们相信现存的高等教育体系能够培训学生完全胜任这些工作。

然而，截至 20 世纪初，有很多迹象表明，将高等教育视为学术研究和学科学习的结合，以及将高等教育作为获得专门职业资格的渠道，这种观念需要修订。19 世纪 80 年代专门化、非大学型的研究机构的出现，本科通识学位（liberal arts degree）的保留，以及一大批专业和准专业学位在美国（以及“一战”后的苏俄）的创立，意味着在欧洲被广泛接受的学术研究（research）与单一学科的、本质上属于专业性的研习（single level and essentially professional studies）之间的结合可能不是最理想的功能混合。欧洲国家自身的发展同样证实了这种感觉，特别是 1880 年到第一次世界大战期间，专门化的非大学型研究机构在所有欧洲国家出现的时候。

尽管如此，这些观点的很大一部分一直到第二次世界大战期间都保留不变，高等教育的职能和范围也始终没有清楚地重新概念化。一部分原因是欧洲体系具有惯性——总体上讲，这个体系在“二战”之前一直主导着国际学术界。还有部分原因是高等教育主要是根据其在研究方面的成功来评判，要知道，研究已成为高等教育最负盛名和最国际化的功能。而对高等教育功能的反思，直到 20 世纪 60 年代才开始。

接下来的各章将追溯高等教育的这些主要功能是怎样在不同的系统中演进的，以及这一演进是怎样影响了它们的当下。

第三章　专业教育

高等教育需要专业化，而且专业化的学习对职业生涯是必要的，这种假设是19世纪高等教育转型的基础。即便是那些在意识形态上极力反对将学术划分为不同专业，且反对将大学学习视作职业准备的地方——就像德国的大学以及英国的精英大学那样——专业化依然成为高等教育的准则。然而，学习和职业的关系比一些早期的教育改革的鼓吹者所预想的更加复杂。在德国的大学和英国的精英大学中，专业学科的学习在很多情况下开始被视为获得一种"真正"博雅的教育的方式，这种教育使学生成为智识精英的一分子，而不是为职业工作做准备。只有在某一领域习得了精深的知识，并且近距离地观察了一个教授探索前沿知识的过程，一个人才被视为已经接受了高等教育。尽管对于大多数学生来说这仅具有修辞的意义，因为他们是为了进入专门职业而学习的，但还是有一小部分学生在学习过程中并不担心职业问题，而且对于很多其他的学生来说，"为了学习而学习"至少也是一个有意义的理想。

此外，一些起初出于专门训练的目的而建立的学校和一些仍然被视为主要为专门职业提供准备的学校，事实上已经形成了涵盖范围很广的体系。例如，巴黎综合理工学院的课程现在就包含数学、科学，以及一些经济学和人文学科的研究，它们共同组成了一种通识教育项目。

因此，如果根据一些学生的意向进行分类的话，那么一些高度专门化的课程可以被看作通识教育。相反，基于同样的标准，涉及很多科目，且不与特定的专业实践需求相联系的课程项目，也可被视为一种专业项目。

本章所采用的项目分类标准就是大多数学生在这个项目中的就业去向。正如潮木守一（Ushiogi）的一项研究（Ushiogi，1971，p.367）所表明的，在欧洲发达国家的所有高校和美国的研究生院（尽管不包括美国的学院或两年制初级学院）中，大约 70% ～ 80% 的毕业生最终会成为专业人员或从事管理方面的工作，他们学习或许就是为了这个目的。

潮木守一还发现，大学毕业生在欧洲整个劳动力中的比例（4%），与美国整个劳动力中拥有第二或第三级学位的毕业生所占的比例几乎相同。潮木守一的数据是 1960 年的，那时正是战后高等教育发展的黄金时期。因此，可以这么假设，在早些年，在专门职业中就业的毕业生的比例甚至超过 80%。因此，说英、法、德三国的高等教育主要是一种专业教育也是合理的。

相应地，专业教育（professional education）这一术语在这儿被宽泛地用于描述所有专门化或非专门化的高等教育，只要这种教育被认为是进入某种特定职业所必需的。根据这个定义，除了美国的通识教育课程、日本和亚洲其他国家（那里存在着数量繁多但质量良莠不齐的学院）的一些第一级学位，以及其他地区小范围的试验性学院外，所有的高等教育都属于专业教育。非专业教育可以被称为通识性的高等教育。

专门职业（profession）这个词同样在宽泛的意义上表示所有那些通常只招收持有高校毕业证书的人的职业。因此，那些从大学毕业生中招聘新成员的高级行政职位或其他行政管理职位将被视为专门职业，尽管从技术上看，这类职业并不需要某个专门的高等教育。

一些定义将“专门职业”这一术语限定在基于高度专门化的知识分支的职业，与之相比上文这种定义要更加宽泛。[①]我倾向于更宽泛的定义的一个原因是，通常使用的狭窄定义很难应用。在某些情况下，例如高级行政机构，在相同能力之下，接受过工作岗位的专门培训的人与未接受培训的人都能够被录用。如果用狭窄的定义，对这类职业进行分类就会出现问题。如果由于对高级行政管理领域的专业知识的组成缺乏共识，而导致它不被视为一种专门职业，那么公共管理或商业管理学位也就不能成为专业学位。但是，它将会成为什么呢？在一些国家这个问题会变得更加棘手，因为在这些国家，（现在或者过去）应聘公务员岗位时必须持有法律专业学位。在这些情况下，专业知识是需要的，但是专业知识主要和另外的职业[②]相关。人们不得不说这些国家的公务员是专业人员，但是其行政职务却称不上是专门职业；所有的公务员必须持有专业的学

① 因此现在这个定义与人口统计中“专业和技术工人”的类别是不同的，但是在本质上，“专门职业”这个词的相同概念界定也被 Carr-Saunders 和 Wilson（1993，pp.239–245，491–503）以及 Marshall（1950，pp.128–155）采用。

② 即律师。——译者注

位，但是没有针对行政职务的专业教育。

因此，必须意识到，高等教育和所谓的专门职业之间的关系比现在的研究文献中所显现的要复杂得多。只有意识到这一点，我们才能给专门职业下一个可行的定义。事实上，只有在极少数专门职业领域里，实践才是直接建立在某种理论的或其他专门的学科知识的基础之上。专业知识和实践的关系其实存在一个尺度。教学、科研、化学、医学以及工程学的一些领域是例外。但是，在大多数工程和医学领域，尽管实践中可能需要频繁地求助专业知识，然而这种知识的运用是凭借直觉，或被经验指导。最后，在像社会工作这样的专门职业中，从业者也要依赖于专业知识，但是潜在的相关知识范围是如此广泛，以至于将其限制在一个相对浑然一体的领域是不可能的。在某种程度上，社会工作者应该是那些证明自己有能力在需要时学习和利用专业知识的个体，且他们应该有能力发现和评估潜在的相关专业知识，故要求他们具有高等教育证书是合理的。当然，“最合适的职位要求是什么”可能存在争议，但是在像工程学（大部分情况下）或医学这样的领域里，也很难就这一问题作出决定，因为它们需要求助于一种更有限但范围更广的知识。

不强调专业教育的狭隘定义还有另一个原因。那就是，这一定义要求在专业知识领域和职业间建立一种本质上的关系，但专业知识本身并不能形成一种职业。过去的外科医生和工程师，或现在的同声翻译和计算机程序员，已经掌握了高度专业化的知识，但他们并不被视为专业人员，或者说他们的声望不如律师——要知道，与工程师、外科医生、翻译员或程序员相比，律师拥有的知识是更容易为大众所接触的。专业身份的特权和它对高等教育的要求并非主要是由专业功能的困难度和专门性所引起的，而是来源于对专业工作潜在的深远影响的焦虑。专门职业者处理的是那些损失和收益都不同寻常的事务。医生，偶尔还有律师，处理的是生命和死亡的事务。由一个工程师引起的公司的损失或收益超出由一个体力工人所引起的损失或收益好几个数量级。一个工人的疏忽可以毁掉一天的劳动量，但是工程师的粗心大意可以毁掉 100 天甚至 10000 天的劳动量（Stinchcombe，1963）。在涉及政府高级行政人员、大学教授（教师的教师）以及大型工业公司经理的工作时，也应该有类似的考虑。

当享受这类人员所提供的服务时，雇主和消费者处在一个困难的境地。他们几乎没有判断专业人员能力的知识；而且像法律、一般医学或高级行政这样的专业工作的成果，都很难得到明确的评价。在其他类型的专业工作中，像工程或科学研究，通过结果进行评价较为容易，但是即使在这些工作中，雇主还要经过相当长的时间才能对他所雇佣的人作出可靠的判断。因此，病人和顾客都尽可能不去冒险，他们要通过依靠学位证书或相似的资格证书来获得一定程度的保障。因为这些证书表明一个人有智力、胜任力和道德品质（拥有高级资格证书也是忍耐力和负责任行为的一种标志），这些正是高效、负责的工作所需要的。这就是政府部门倾向于要求高级公务员接受一定专业训练的原因；也是处理人际事务的从业者，例如从事社会工作和咨询的人士，被给予专业地位的原因，尽管他们所从事的相对来说并不是技术性工作。他们在一个尊重个体自治权和尊严的社会中处理微妙的个人问题，这样的情况似乎要求他们拥有高等教育资格。

专门职业中的古典教育

这种专门职业教育和专门职业的广义界定很适合过去那些高深学问职业所处的状况，当时所有的专门职业都建立在古典教育的基础上。不过，就目前而言，甚至在经过这些考虑之后，人们可能会怀疑，仅仅因为服务于相似的职业目的，就把从高度专业化的教育到宽泛的通识教育（broadly general education）在内的各种教育都归为一类是否有用。从大学的角度看，二者是迥然不同的教育项目。然而，如果考虑到现在的这些不同的教育类型与过去高深学问职业的传统享有同样的教育元素，这种归类或许也是合理的。

这个问题可以通过从 18 世纪到 19 世纪现代专业主义转型的一项调查研究来澄清。19 世纪前，将专业特权几乎全部建立在古典学问之上有两方面的原因。正如已经指出的那样，掌握希腊语和拉丁语以及阐释经典文本的能力，（有一定理由）被认为是对综合智能最合适的测验。此外，古典学问已经成为科学知识的主要贮藏库。这种信仰在 17 世纪和 18 世纪由于现代物理学和天文学的出现而瓦解了。但是直到 18 世纪末，在现代化学和生物学出现之前，甚至对于物理学家来说，古典学问仍然可以守住它作为一个重要知识来源的地位。一些人想要确保自己的灵魂、身体和法律权利被最有能力的人关心，他们相当理性地青睐一些接受过古典教育的从业者。

这并不是说，寻找古典学问之外的其他替代方案就不会导致其他类型的职业选择和职业教育。像早在 16 世纪已经有的那样，富有新科学精神的教育改革者和哲学家就提出了这样一些替代方案。但是过了很久，这些怀疑和批判才引发了改革。强大的既得利益者维持现状。既有的高深学问职业的优势在于，其所拥有的单一种类的教育能成为所有高级知识的基础。这使得划定学问的边界、排除一切没有古典学术基础的知识变得更容易，并因此使职业与地位群体（status group）[①] 直接关联在一起。当然，这种坚持旧学问方式的倾向在学术型教师（academic teacher）中最为明显，他们本身就是职业人员，维护本学科在学术界的霸权地位使他们成了既得利益者。

但是仅仅依靠教育体系中的既得利益者是无法维持这种霸权的。古老的传统之所以很难被打破，主要是因为高等教育机构（通过声望、奖学金以及其他好处）成功地吸引了几乎所有有能力和动力的年轻人来接受高等教育。因此，在那些接受古典学术教育的人之外，为某些职业工作寻找合适的人选是困难的。因此，认为这种教育是职业能力的一个必要条件的观点，可以为一些看似很有道理的证据所支持。

---

① 德国社会学家马克斯·韦伯（Max Weber）提出了一个三要素分层理论，将地位群体（status group，也称为地位阶级［status class］或地位等级［status estate］）定义为社会中的一群人，他们可以通过荣誉、声望、民族、种族和宗教等非经济品质来区分。——译者注

如果大学在过去能够继续吸引大部分最有能力的年轻人，那么他们所坚信的“古典教育是职业身份之基础”的观点或许可以延续很久。但是，随着科学和一种新型的科学哲学的发展，大学的吸引力下降了，或许大学的标准也降低了。尼古拉斯·汉斯（Nicholas Hans）曾指出，那些接受过大学教育的人对科学贡献的比例在18世纪的英国下降了，并且大学失去了它作为学术中心的声望（Hans，1951，pp.31–34）。只有当古典学问的质量下降时，针对大学和旧式学问的批判才导致了18世纪90年代开始于法国的改革。

专门职业的特权

古典学问在职业训练中的一个显著功能就是确保执行特定重要职责的人具有高智力素质。与此同时，古典教育的要求也封闭了职业，保护它们免于自由竞争，赋予它们垄断性的特权。这些特权在高深学问职业的历史中是普遍存在的，是这类职业所要求的才能非常稀缺的结果。因为这种才能的稀缺，权势者和富人总是尽力垄断专业人员的服务。但是这种垄断是不容易的，因为专业人员有一种天然的垄断性，他们倾向于利用这种垄断性来发挥自己的优势。才能和知识等稀缺资源不能从所有者手中拿走，所有者也不能按照有权势雇主的突发奇想来有效地运用自己的才能和知识。因此，甚至在专业人员的委托人是统治者和其他掌权者的时候，他们也总是拥有强硬的谈判地位。商人可能被抢劫财富，农民可能被强迫耕种土地，但是专业人员一定要被讨好。

只有一种方式能影响专业人员的议价能力，那就是控制他们的训练。在某种程度上，训练总是被专业人员控制着，因为只有他们才有能力训练其他人。但是，政府可以通过多种方式来削弱专业人员的特权，如创建或鼓励大学以及那些不依赖于从业者的专门职业学校（professional school）；又如抑制专业协会发放许可证书的权力，并将这种权力授予高等教育机构；再如政府根据一些特定的目的建立一些机构，像培训牧师、占星家、军官或政府律师的机构。在世界上的很多地方，专业教育事实上就始于这类由政府创办的培训学校（Grimm，1960）。

然而，统治者只能有效控制特定技术的传播。他们可以抢先获得钟表修理或枪支制造方面的秘传的服务，但他们不能控制高等教育，因为高等教育不仅教授技术，还给知识分子提供精湛的技巧和创造性的视角。智力最高的人总是被社会中最高的智识传统吸引，例如儒家思想、犹太法典或经院哲学，以及后来的人文主义学问。这种学问成为智力优越的主要标准，因此那些想获得最聪慧者之服务的人，必须求助于拥有这种学问的人。不可避免地，那些处理司法、健康以及救赎事务的人应该来自有学问的群体。这种渊博学问也可以将职业从有效的外部控制中解放出来。统治者可以给予或拒绝给予大学特许证，也可以获取它们的支持，但是他们不能像控制一个师傅训练学徒的工作间那样控制大学。知识阶层仍然垄断着高等教育。

古典学问的衰退，专门化科学和复杂技术的发展，似乎提供了一个打破这种垄断的机会。培根的乌托邦哲学就认为，新的学问将产生更广泛、更有效地传播能力的智识传统（Purver，1967，pp.24−36）。启蒙运动用由开明的政府所控制的专门职业学校替代大学，这是一种实现培根乌托邦哲学的尝试，也是想要打破高深学问职业和特权大学之不公平垄断地位的尝试。后来的自由主义试图废除所有官方的高等教育和证书许可权力，并将职业训练放在自由市场中参与竞争，这其实是一种意在消除职业特权的更激进的尝试。

实际上，大约在 1800 年，在德国哲学家还没有影响到大学改革之前，职业场景中的一个观察者会很容易地得出这样的结论：高深学问职业的整个传统和所有其他类似的行会组织一样即将结束。显然，一位物理学家或一名律师需要专业知识，但是这样的一种信念正在形成：没有人会问是在哪里和怎样获得知识的，除了必要的技术知识外，一个人是否接受过古典的或其他类型的教育是不重要的。

然而，正如三个欧洲国家高等教育系统改革所表现的，废除职业人员特权的计划没有成功。虽然一般观点认为专门职业（profession）和其他职业（occupation）没什么不同，为职业教育和许可证发放所做的专门安排应该被废除，但还是建立了一些机构，而且在职业教育和专业许可证问题上，也只是用新程序取代了旧程序。除了在法国大革命期间一个非常短暂的时期（1793—1794）外，完全的自由放任主义从未在职业训练中占有统治地位。正如已经看到的那样，新机构的形态和特征反映了即将形成的职业人员和知识分子团体的观点。政府本应该代表公众的利益，却仅仅成为新的职业人员和知识分子与那些为旧大学和旧职业团体辩护的人士之间的仲裁者。政府修正了最终的观点，但并没有制定出相应的政策。法国的高等教育是一个例外，因为政府依据特定的社会需求进行统一的计划和管理。但这一例外更多是表面上的，因为正如上文指出的，革命后的统治阶层中有很多是改革派的科学家和哲学家。即使像拿破仑那样的独裁者，在初等教育和中等教育领域作出了巨大改变，但也没有过多地干涉专业教育。

政府希望打破职业行会的垄断，但它没有采取自由放任主义的态度或专横的控制，也没有采用学徒制和职业协会所组织的课程来进行专门职业教育，而是将其委托给学术机构。这种倾向在德国尤其显著，在这里，大学在专门职业教育中获得了事实上的垄断。法国也存在这种情况，对这一系统的控制可以被描述成一种文官治理，它的成员在新的高等教育机构任教，同时又通过教育部门管理着整个教育系统。这种趋势一开始在英国并不明显，但它在 19 世纪中期也出现了。当然，这可以被看成是，而且确实被看成是弱化职业特权的一步。这种新的高等教育机构认为它们自身代表着公众最广泛的利益，它们的成员也深信高等教育的社会功用。科学研究被视为确保高质量专业服务的一种方式，因为它根据学术价值控制着职业准入，为未来的职业人员行使职权提供了最佳的学术背景。

有些人希望能提高专门职业的质量，我们没有理由怀疑他们提出这一目标时的诚挚。但是他们没有完全废除职业特权。在较长时间的冲突后，一些建立在官方认可的高教机构认证基础上的职业特权在各地又重新确立了。美国在过去没有职业特权，但在20世纪早期也建立起来了。这意味着不同国家的高等教育改革中依然贯穿了一种潜在的连续性，也就是说，通过某种高等教育来授予特权。这种教育不仅仅是要获得复杂的职业技术，它还意味着去接触公众认可的真理来源，即过去的古典学问和现在的基于研究的科学知识。对这些真理来源的掌握被认为是对卓越智力的考验。这种连续性证明，我们有理由将专业教育当作一个单一的类别，并调查不同国家里重新建立专业特权的机制。

法国的专业教育

法式体系的基本原则是最直接的。它的目的是提供公共服务所需要的职业人员，这些公共服务包括军队的不同部门、一般的行政事务和技术性的行政事务、教学、法律、医学以及药学；它还意在促进专业训练，同时阻止职业团体垄断职业训练（尽管在医学和法律中，这一原则没有得到持续的贯彻）。在这些领域中排在首位的是军队和行政部门对各种训练有素的人力的需求，而且这种需求是可以比较准确地确定的。因此，那些旨在培训这种人力的机构，即主要的大学校和专业应用学校[①]，其录取人数有限，而且其培训内容非常密集，且要根据各个学校的具体目标进行调整。另一方面，确定社会总体上的职业人力需求是困难的。相应地，高等教育系统的其他部分更没有选择权，其中的培训更缺乏组织性。进入大学以及以前的

① 专业应用学校一般都是教授研究生，即已经获得本科文凭的学生，其所提供的教育具有专业性、职业性的特点。——译者注

学院总是比进入大学校更加容易，而在医学院之外，课程学习相对来说比较松散。只有授予学位的考试是严格的，尽管在1968年以后，考试也非常松懈了。另外，已经有机构，例如国立工艺学院，在各个领域提供培训；像法国鲁昂国立应用科学学院（INSA）、大学科技学院（IUT）、巴黎高等研究实践学院之类的工程学院，获得入学资格甚至更加自由和灵活。

这种分类已经不那么严谨了，因为在每个阶段，两种机构的功能都有所重合。许多在大学学习的学生毕业后进入政府部门工作，理工大学校和专业应用学校的相当一部分毕业生在私人机构工作。大学校的大约三分之一的学生同时取得了大学学位（他们中那些就读于巴黎高等师范学院的学生必须取得学位），大学毕业生和巴黎高师的学生一起为了教师资格[①]而参加竞争激烈的考试，而巴黎高师是专门为这个考试做准备的。另外，教师资格是由大学授予的（Burn，1971，pp. 7−35）。但是，除了巴黎高师这所已经融入大学体系并成为其顶峰的大学校外，就读大学校和就读大学的学生的目的明显不同：后者进入教学和高等教育领域，而前者主要进入政府机构和工业界（Organisation for Economic Co-operation and Development，1966，p.67）。

这种二元体系确保那些被大学校的封闭式入学体系录取的学生成为精英，这些学生中一小部分参加古典的和文科的中学毕业会考，而大部分人则参加理工科的会考。获得大学校的入学资格需要先通过中学毕业会考测试，然后在特殊的预备班里

① 一般是指中学、大学的教师资格。——译者注

学习——只有这样才能通过十分困难的大学校入学考试。当学生进入大学校，为了能通过担任技术公务员或高水平教师所要求的考试，他们要接受进一步的培训。那些想成为执业工程师的人通常会继续读一个专业应用学校，在那里他们会获得高强度的培训。

相反，大学系统仅将中学毕业会考当作入学资格，在一些情况下（例如在法国大学科技学院）甚至要求更低。在很多时候，大学里的教学是没什么用的。事实上，在现在或至少在 1968 年前，与其说大学是一个教育和训练的机构，不如说是一个考试和授予学位的机构。大学校为一小部分精英学生进行高强度的、有效的训练，以为经济领域中的特定职位选出合适的人才；而大学为非精英分子提供浅显的、无效的教育，他们被期望在毕业后能寻得自己的一席之地。大学校的辍学率是很低的，而大学的辍学率则非常高，大约有 60%（Poignant，1969，pp.196–197）。

大学校中的精英高等教育和大学中的非精英高等教育之间的差距并不是有意设计的结果。所有的高等教育都是经过精挑细选的（除了 *Conservatoire*，即艺术学校），因为中学毕业会考是学院录取的一个条件，而这是一次困难的考试。不过，由于大学校甚至比学院更加精挑细选，并且其毕业生的就业是有保障的，所以它们一度吸引了最好的学生。但是，甚至直到 1900 年，公立中等教育中 90% 的教师是取得了教师资格的。他们拥有的这种高等学位表明，教员以及教学可能都是高水平的。

然而，中学毕业会考证书（*baccalauréats*）授予的数量在逐年增加，从 1900 年的 5717 个增加到 1950 年的 32363 个。此后便开始了极速的膨胀：在 1964 年，共授予 77000 个中学毕业会考证书；而在 1967—1968 年间，共授予 169300 个中学毕业会考证书（Burn，1971，p.19）。那些获得此头衔的人将被允许进入大学，这些人在相关年龄组中的比例从 1900 年的 5% 增长到了 1967 年的 15%（Burn，1971，p.18）。这导致了大学的巨大膨胀，但大学校中却没有出现相似的膨胀。结果，这两种机构在教育质量上的差距就扩大了。

这种差距最好的例子就是工程教育。起初，所有高水平的工程训练都是在大学校中进行的。在 19 世纪，新的工程学校建立起来了，主要是为了在现有的大学校没有充分耕耘的领域里给私人工厂培训工程师。但是，专门学校仍然在提供工程教育。如今，专门学校数量扩展到覆盖了像无线电通讯和电学这样的专业，而除了专门学校，大部分的工程师在大学和其他新建的声誉较低的工程学校里接受教育。因此，巴黎综合理工学院和专业应用学校最初构成了高等工程教育的整个体系，现在则成为这个体系中的精英学校，在这个体系中它们仅占三分之一左右的体量（Organisation for Economic Co-operation and Development，1966，p.61）。

关于这种针对精英的教育，人们可能存在一些疑问。在教育中较多地投资在最有能力的学生身上，他们可能从教育中获益最多，或许可以证明这比投资在能力较差的学生身上更为合理。但他们受到了最好的强化教育（intensive education）吗？

在最重要的学校里，像巴黎综合理工学院、巴黎高等师范学院、法国国家行政学院和巴黎自由政治科学学校，学生所接受的教育在某种程度上是一种填鸭式教育。他们由最好的填鸭式教师进行教育，为通过考试做好准备。那些继续攻读专业应用学校的学生则接受了一种彻底的、实践导向的训练。

这意味着，不像其他体系，法国体系淡化了精英高等教育中的研究和独立学习。它给最优秀的学生提供了一种在美国是提供给次优学生的教育。巴黎综合理工学院和法国国家行政学院的教师资格考试和其他考试要求渊博的学识和清晰的表达能力，这在美国和加拿大是像文学博士（Doctor of Arts）[①] 和文学硕士这些新型学位所设想的要求。专业应用学校的课程提供的训练则可以比作美国的专业硕士项目。

我们可以将发达的法国考试，与公务员考试，或不同专业团体例如英国的皇家医学院的资格考试，进行内容和目的上的比较。一些英语考试的应试者也会在补习学校备考，但那些只是为学生备考的私立学校，本身没有特别的声望。在英国，那些具有很高声望的教育机构已经成为知名大学。

人们普遍认为，最有能力的学生是自律的，他们从自由的、非指导性的学习以及与富有创见的教师的联系中获益最大。但是，给精英学生高强度的考试辅导是与这一观念背道而驰的。当然，被大学校录取后也可以自由学习，因为正如前面

① 文学博士（Doctor of Arts）是 20 世纪五六十年代美国学界设立的新学位。这种学位专为培养教学型教师而设立，对研究能力要求不高，以区别于传统的哲学博士（Doctor of Philosophy）。——译者注

提到的，很多学生在大学里上课。但是他们并不总是被鼓励全面深入地学习某个学科的知识，以及参与研究。在这一方面，师范学校不同于其他的机构，并且最近这些机构有一些已经改变了政策。无论如何，在现有证据的基础上判定这种教育比其他方式对教学、公共服务以及科技做了更糟糕的准备是不可能的。实际上这种教育是强制性的填鸭式教育与给予最优秀学生学习自由和研究自由的结合。这可能不是为研究而作出的最好的准备。并且，与在这里所讨论的其他国家相比，法国体系可能引导数学和自然科学方面更高比例的优秀人才进入实践领域，更低比例的优秀人才从事研究。但这种趋势到底是好还是坏，并不是一个原则问题，而是对研究者和其他职业人员的供需问题。

要证明填鸭式学校的教育高度达到了精英教育机构的水准就更难自圆其说了。任何填鸭式教育和竞争性考试的体系都在选拔两种类型的学生：有能力的学生和善于死记硬背的学生。通过把精英机构的工作集中于为竞争性考试做准备，很大比例的优秀学习者既没有很强的能力又没有杰出的天赋，但却可能成为专业精英。

然而，主要的问题在于这种选拔对大学所提供的教育具有何种影响。当这个国家中智力最高的学生在能干的填鸭式教育者的指导下，花费数年时间准备考试时，剩下的智力较次的学生则在大学的自由氛围中探索自己的道路。这就像教最好的游泳者游泳，而把其他的人投进河里，并告诉他们无论怎样，都要游到对岸。可以合理地假设，很多没有通过考试或通过了考试却没有获得实际能力的学生，如果在一种更加高强度的教育系统中学习，是可以获得真正的能力的（Organisation for Economic Co-operation and Development，1966，p.57）。

这并不是说，法国的体系只为那些被专门学校录取的学生提供获得能力的机会。在大学体系的外围，有各种各样的机会能让学生获得良好的训练。那些想深入学习某一学科或想成为研究员的人，有机会接触法兰西学院以及巴黎高等研究实践学院的课程，此外他们也可以在由国家科学研究院资助的研究组中充当学徒。通常情况下，获得这些机会并不困难。进入一些像法国国立工艺学院和一些声望较低的工程学校那样的机构甚至更加容易，但是它们仍然授予专业性的或准专业性的文凭。然而，这只是些外围的机会。这种外围体系为高强度训练提供了构架，但任由学生自己来充分利用它。除了博士学位以及在各处可以获得的特殊学位，大学所授予的学位不能证明学生能利用这个机会去获得更高强度的训练。

在学位含义上缺乏区分的一个恰当的例子出现在医学领域（至少在 1968 年以前）（Jamous & Peloille，1970）。每一个医学学生都期望参加一个与其他国家在轮廓上相似的标准的训练课程。但是大多数学生所接受的教育是非常浅显的，所以他们的学位并不能被视为能力的充分证明。然而，一小部分学生通过了竞争性的考试，成功地获得了住院实习资格（一种从学校的第五年开始的在一所教学医院实习的学徒制），他们将受到非常全面的临床训练，按照国际标准这种训练也是很出色的。尽管这种训练对一个医生的能力有很大的影响，但它的效果无法通过任何头衔来证明（尽管头衔通常显示在医生的名牌上）。

相反地，通过另一个竞争性的考试——教师资格证书考试，既不能证明临床的能力，也不能证明基础科学能力。但这曾经是（在一定程度上现在仍然是）医学院任命教学职位的一个重要的资格。在过去，它事实上是比在研究上的成功更为重要的任职资格。在那些对医学研究感兴趣的学生看来，大学的医学院提供的机会十分贫乏。但是，绝佳却有限的机会的确存在于高等教育体系的外围，例如，存在于巴斯德研究所。

这个相对开放的大学结构已经在教育内容上产生了意外的结果，医学教育就是一个例子。专业教育必须被学生自由地获取，大学应该仅仅提供学习和参加考试的机会，这种想法并没有像预期的那样发挥作用。考试，尤其是大众化体系中的考试，可能不是能力的充分证明，或许只是在测试表面的知识和自我表达能力。然而，正式的成绩乃职业工作的前提，它是建立在考试的基础上的。结果这种体系往往能产生某一领域的博学者。虽然一个人学习了专门知识，但这种知识实际上与大革命前的时代里被视为职业身份之前提的古典学问是相似的：它只是让人获得了某一领域里的表面知识，而不是真正地掌握了知识。

这顺便也解释了法国高等教育所产生的非常奇怪的影响，即除了专业性外，它还造就了一大批一般意义上的哲学－文学知识分子，因为良好的修辞和文学技巧是参加考试的主要前提。

我们现在可以比较法国体系最初的目标和它实际产生的结果。正如上文指出的那样，其最初的目标是为政府部门和各种职业培养专家，测试专业能力并授予相应的学位。事实上，这个体系在很大程度上——在大学里，或许也在大学校里——致力于传授语言和文学技巧，它所标记的，只是受教育程度，而不是技术能力。

这个体系的另一个初衷——废除专业人员的特权，也没有取得完全的成功。实际上，没有一家专业协会可以通过垄断训练和许可证书的颁发来有效地控制专业准入。法国没有像英国和美国那样的专业课程，在某种意义上甚至也没有像德国那样的专业课程。但是这种体系通过教育形成了特权。这种二元体系将精英（通常注定为公职人员）与其他的专业人员区分开来，并且在这种体系的非精英部分中盛行的自由放任主义也已经把受过专业训练的人划分为几个阶层。精英教育机构培养出了一种受过高水平教育的阶层，他们成功地通过了被视为“智力出色的标志”的考试，并确立了自己在政府和商界的精英地位。因此，如果说政府致力于垄断最有才华的、训练有素的专业人员的服务，专业阶层意在用专业教育机构去获得地位和就业方面的垄断特权，那么革命性的教育机构则旨在废除旧大学和受过这种大学训练的专业人员的类似特权。有意思的是，正是借助于革命性的教育机构，政府与专业阶层之间的共生关系复活了。

民主化大学的毕业生与精英化的大学校的毕业生，只有质量上的差别，而没有类型上的差别。大学学历也是在测试语言与文学技巧，而不是专业能力，但是这种学历并不能把它们的持有者置于特权者的位置。因此，与更高身份的大学校的毕业生相比，大学生和大学毕业生只是一种较低身份的知识分子。当前者获得了建立在一般智力和文化素养基础上的特权时，后者也要求获得同样基础上的特权。

这个体系不仅培养出了知识分子和官员，而且还培养了技术上有能力的专业人士。当然，尽管与知识分子和官员在身份上有所重合，这些专业人士才是该体系最初的培养目标。他们主要不是凭借专业资格证书而是通过他们的职位来自我定位。如果他们在私人公司，他们往往认为自己是中产阶级的一部分；如果他们领国家薪水，他们就认为自己是处于某一地位的官员，而不是化学家或工程师。另外，他们可能会参与官员和知识分子的文化活动，但这不是必需的。在工业界，仍然有超过一半的高级技术人员持有低于本科学历的毕业证，或正接受在职培训（Organisation for Economic Co-operation and Development，1966，p.67）。

因此，现在的体系和它所取代的体系并没有很大的不同。法国专业教育仍然包含着大量的文学文化元素，而且它依然培养特权知识阶层和相对非特权的知识阶层。这一体系的目标是培养不把教育视为特权来源的行业专家，这些专家的地位来源于他们具体的个人成就，但这一目标没有实现。考试、学位和文凭，尽管它们不能够反映专门的职业能力，但是提供了进入专门性职业生涯的唯一通道。然而，革命性的改革确实废除了大学院系和专门性职业行会所独有的特权，并用一种竞争性的、诚实选拔的，因而也更加不令人反感的贤能主义来取代它们。

德国的专业教育

德国改革家所面对的问题在某种程度上与法国改革家所面对的问题恰恰相反。后者出于对弱势的专业群体的同情，力求革除大学对专业训练的垄断，争取人们对新型训练方式的认可。这种训练适应于不同专业的技术含量，而法国大革命期间建立的高等教育机构就是为了满足这种多元化训练的需求。与此相反，德国改革家想要重申大学在高等教育中的垄断性地位，必须证明为什么专业人员（或者哪怕是“高级”专业人员）的教育需要由大学来承担。因此，其兴趣在于找到各种类型的专业教育的共同基础。

这不是一项简单的任务。因为古典学问旧有的共同基础遭到了质疑，而且到 18 世纪末时，专业教育需要有具体的技术内涵和贴近实践已经成为共识。通过区分专业教育中普遍的科学－哲学因素与更明确的技术因素，这个问题得到了解决。前者是大学特有的功能，而后者则可以在别处获得，尤其是通过见习制度。宣扬改革的哲学家们的最初想法和柏林大学（改革正是从这里扩展到其他高校）的主要设计者威廉·冯·洪堡（Wilhelm von Humboldt）日渐式微的主张认为，所有学问都有共同的哲学－数学基础和语文学基础，对于这些基础的学习可以作为所有大学学习的核心（Schnabel，1959，第 456 页）。但在实践中这个观点并不奏效。哲学丧失了吸引力，各种学科更加分化，大学开始为人文学科的及实证自然科学的专业化学科研究所主导。

不过这种专业化仍然保留着统一的元素，也就是研究。大学中所有的学科教育都包含研究，这使得所有大学学习的共有哲学目标得以延续。

高等教育的这个观点也包含着专业教育的内容。高深学问的职业都是有明确学科基础的职业，大学的任务就是充分地传授这些基础，这也就意味着教学要同研究相结合。这点很必要，因为科学与学术是知识的高级表现，只有那些从事研究的人才有望赶上新的发展潮流，才被认为是完全能胜任的。

但是，说起来容易，做起来难。只有教学和研究才具有明确的学科性实践基础，因为只有教师和研究者会把他们在大学中学到的内容直接而持续地运用于工作中。否则，实践性专业领域的界限永远不会与科学或学术性学科的界限一致。只要医学和法律还是大学中仅有的实践性学科，这种差异就有可能被忽视。人体解剖学、生理学与病理学几个世纪以来都与医学联系在一起，并被称为医学科学；法律研究作为大学的重要部分存在了如此久的时间，以至于人们忽略了，法律研究只能部分地被看作是学术性的。但实际上，即使是早在 1810 年柏林大学开始运行的时候，也没有任何内在原因能说明为什么大学应该教授医学和法律，而不是工程学。19 世纪后半叶和 20 世纪早期，随着微生物学和生物化学的崛起，“基础”医学学科变得更加多样化，因此这种将工程学排除在大学之外的做法也显得更加荒唐。然而，大学仍然拒绝将工程学纳入体系，直到 1899 年政府确认技术类高校的大学地位时，工程学家们才获得了梦寐以求的学术人员（*Akademiker*）的地位。

工程学的例子只是最为人所知的一个。德国大学在专业训练的拓展上非常谨慎，农学院、商学院和社会工作等类型的学院到20世纪60年代才成为大学的一部分。事实上，大学所秉持的关注学科教育的原则限制了学科的创新。每当提出在一个新的领域建立教席时，相应的问题就会被提出：它到底是一个“真正的”新学科，还是说只是分支学科或者旧学科中的一个“专业”？这个领域的逻辑水平和方法论水平是否意味着“真正的”科学或学问？所有“真正的”科学（而非其他的学科）都属于大学，这样的原则过于笼统和抽象，无法用来实际指导对创新的学术认可。然而，在19世纪的大部分时间里，德国体系在引入新学科上都颇具革新性，因为学术劳动力市场并不因为学术界的态度就拒绝鼓励创新（Ben-David & Zloczower，1962）。

至于为什么某些专业和学科教育被纳入大学课程体系而其他的却被排除在外，则存在一个合理化过程。如果我们忽视这一点而去关注德国大学的实际作用，会发现它们似乎是为专业的教师–研究人员（teacher-researchers）而设计的。大学中开展的学科研究直接与这一职业相关，大学也为那些准备从事这类职业的人提供学徒制指导。研讨会、实验室指导，以及准备博士学位论文和教授资格（这是最高的学位，可赋予在大学任教的权利）论文，都为监管下的研究学徒制（research apprenticeship）提供了机会和激励——即使学徒制并没有成为正式的制度，因为做研究被普遍认为是一项“卡里斯马”（charismatic）式的活动，应当由具有创造力的个人独自进行。在训练研究人员和教师方面，德国的体系在整个19世纪都优于其他各国。到19世纪40年代，德国大学从巴黎手中接过了领头羊位置，成为世界上训练研究人员的中心。

而在训练其他专门性职业方面，包括训练那些不打算做研究的教师方面，德国体系的表现则不尽如人意。在19世纪的大部分时间里，德国体系相对于其他高等教育体系的优势在于，大学教学和研究的结合可以训练出更优秀的大学教师。并且德国大学坚持自己的原则，只传授那些具有显著科学价值的知识，这为课程内容的选择提供了极好的准则（Flexner，1912，pp.169–172），并且这一准则因体系的分散性和竞争性而具有应用价值。大学竞相争夺更优秀的研究人员，学生在课程甚至学校的选择上拥有广泛的自由度（学生从一所大学转去另一所大学时，可以保留所有的学分，且无须通过任何录取程序）。如此一来，也就极大地消除了教学中对令人生厌的二手资料的无意义学习。教学通常都具有很高的学术水准，并且大多效果出色。判断力和能力不那么强的学生也能在与未来的专门性职业相关的学科学习中，得到很好的通识教育。

但是这个体系例行提供的也只有入门知识。学生能否掌握学科所需的能力更多取决于自身。不愿或者不知如何获得这种能力的学生仍然可以从体系中得到一些粗浅的知识。但在不受大学监管的学徒制训练中，学科学习和实践训练是严格分开的，这一点实际上成了阻碍严肃学习的因素。举例来说，很多准备当律师或公务员的德国学生无论在当时还是在现在都认识不到法理学（jurisprudence）和法律史对于他们未来职业的重要性（Rueschemeyer，1973，pp.102–103，202，fn.85）。甚至大学中提供临床训练的医学学科，都存在着临床训练与基础科学领域学习之间的割裂（Flexner，1912，pp.172–173）。同时，对学生个体的关注也极为缺乏，除非他们将成为正式的研究人员。

如此一来，即使在德国大学体系的巅峰时期，学生能得到人们所认为的“大学理应提供的良好学科训练”都具有一定程度的偶然性。在化学这类学科领域，学科学习和实践训练完全重叠，并且教学极度依赖于实验室工作，因而德国的训练或许很有用。但在其他领域，大学提供的科学教育在很多学生看来，是获得较高社会地位的先决条件，而非未来实践的有益工具。一些老师意识到了这种态度，但通常他们不过是做一些象征性的努力，尝试确保学生真正掌握了他们应该学习的学科知识。所谓“大学只负责教授‘基础’学科，而非实际训练”的观点，为教学标准执行过程中的懈怠提供了借口。既然很难确定实践所必需能力的掌握程度，那么建立和推行能被普遍接受的标准就更加艰难。由此导致的结果是，对专门职业所需科学基础的学习退回到有点类似于 19 世纪之前古典学的学习模式，在那个时候，古典学是博学和智力素质的标志，而不是专门职业能力的重要的工具性部分。出于这个原因，标准的崩坏并未遭到强烈反对。

因此，撇开教师 – 研究人员的训练不谈，德国的专业教育体系也是不均衡的。德国体系中没有任何手段确保学生能获得适度的能力。当然，能力是可以获得的，但即使没有掌握学科基础方面的能力或专业实践的能力，学生依然可以得到专业学位。德国的学位所代表的经常是一种准专业化的，但实际上是关于所在研究领域的通识性的和哲学性的博学，这一点和法国教育的结果类似。德国大学教育在其明显专业化的课程设置上也有重要的“通识”教育的因素。这种教育的特点和法国的对应因素不同——它是哲学的而非文学的——但带来的是同样的问题，即与专业能力不甚相关，内在的学术价值也很贫乏，因为它是作为浅显的学科研究[①]的副产物而获得的。

一直以来，德国体系主要致力于训练教师 – 研究人员，这个体系将主要的荣誉给予研究者。对要成为学术行业之一员的精英研究者的选拔和教育，是德国体系最被看重的功能。因而，尽管缺少高等教育的双元制（正如法国的状况），德国体系实际上发挥着双元制的作用，因为它集中了不成比例的力量去培养精英，而为大量专业人员提供更接近于通识的教育。但是德国体系中的精英是学术研究人员，而在法国，精英是国家不同部门的领导者，且主要在行政部门和高等教育领域。一般而言，德国体系从教育的角度看明显更有成效。因为最好的研究员 – 教师是精英群体，专业能力广泛传播的可能性比公务员是精英群体时的可能性更大。如此一来，即便大学教育经常流于表面且效果不明显，在高中，在技术、商贸等的专业化机构中，以及在最终获得大学地位的类似机构中，仍有很多优秀的教师。许多有能力的研究人员也进入化学、制药厂和医疗系统。正是这些专业机构，而非大学，带来了专业能力的广泛传播，尤其是在技术领域的广泛传播。

德国体系没有像英国那样产生一个统一的“专业阶级”，

① 有关专业等级的传统观念仍然存在，也为直到本世纪拉丁语在法国、德国持久的重要性所证实（cf. Paulsen, 1921, pp. 569–571; Zeldin, 1967）.。

而是像法国那样产生了不连续的知识分子阶层。教授作为某种超级职业，拥有最高的地位，吸引着最好的学生。拥有次要地位的是接受过大学培养的专业人员，即所谓“有大学学历的专业人士”（*Akademiker*），如医生和律师等；再接下来就是没有充分学术地位的专家们，例如 19 世纪的工程师。

高等教育群体的不连续的阶层结构和大学的浅显教育往往使学生无法全部完成学业，或者对完成学业不感兴趣——他们宁愿过学生生活而不愿过专业的生活。这些自由独立群体在很多方面和法国知识分子相似。但德国没有文官阶层（mandarin class）——一个拥有共同的背景，即具有深厚的文学修养和政治参与传统，抗衡着底层知识分子群体中的反律法主义倾向的阶层。

英国的专业教育

英国的体系与法国和德国的不同，没有清晰地确立一个专业教育原则。政府从未出台过高等教育政策，它把高等教育交给大学和专业协会，只在需要仲裁某些具体问题（例如牛津和剑桥大学的改革）、对许可证进行立法确认，或者为新的学院和大学以及专业协会颁发特许状的时候才会加以干预。而英国体系所带来的效果是，一方是地位牢固的高深学问职业的协会和牛津、剑桥大学，另一方是名望不显的药剂师、律师专业协会和伦敦及各地方城市的新建大学学院，两者之间的冲突并不由变革了整个体系的立法来决定，而是由 20 世纪 60 年代之前关于具体事项的、还未形成系统政策的一系列决议来决定。

这种零散的进程给专业教育带来了如下的重大改变：第一

阶段大约止于19世纪中期，医学和法律领域引入了愈发严格的监督训练和考试体制。这种体制最初由领域中的低层人员提出，他们通常是药剂师和初级律师。通过坚持实用训练，坚持科学能力与职业能力考试，他们试图破除传统行会高高在上的地位。这些行会的名望基于行会成员的家庭背景，以及行会成员在昂贵且排外的“公立”（在其他地方称为“私立”）学校与牛津、剑桥大学中接受的古典（“博雅”）教育。这是一场阶级冲突，在冲突中，渴望提高自身地位的群体诉诸学术的普遍标准、专业和资格方面的具体标准，而不是诉诸通过继承得来的特权地位，以及由“良好教养”带来的模糊品质。旧式的高深学问职业群体对此进行了反击，他们提升了教育标准，但坚持认为只有才能是不够的，专业实践仍然要求品质和教养。这样的挑战迫使新协会寻求更多的道德和教育依据。群体的道德地位可以通过举办那些以增进和传播专业知识为目的的活动（讲座、出版等形式）、坚持职业道德规范以及获得皇家许可状来提高。教育地位则可以通过提升资格考试标准或者增进与大学的联系来提高。新旧协会之间的竞争导致了专业主义（professionalism）概念的出现，它把专业知识、技术能力的取得，与专业协会的会员身份联系在一起。这些协会将文化标准和道德规范维持在合理的水平。通过考试质量，或者更准确地说，通过大学教育，这些标准得以施行（Carr-Saunders & Wilson，1993；Reader，1996）。

大学的转型与这种专业主义的概念是紧密联系的。像都柏林大学、苏格兰大学和伦敦大学学院这样的大学能够成功地与牛津、剑桥竞争新的专业培养对象，靠的就是提供科学和医学方面的专业课程，并同时给予学生大学教育的尊严。它们的成功迫使这两所古老的大学步其后尘，建立起自己的专业课程。

这并不能在专业教育上赋予大学以垄断权力。专业机构指导下的学徒训练和考试可以让人在没有接受大学教育的情况下获得法律领域的专业头衔；在工程学方面，大学很难与已有的学徒制度竞争；在医学领域，临床训练由教学医院提供，它们只是名义上隶属于大学（Cardwell，1957，pp.65–66；Sanderson，1972，pp.13–14）。

当然，学徒制度和专门化训练在法国、德国和其他国家也存在，但只有在英国是并入了取得专业学位的正式教育项目中的，并且也只有在英国，大学学习才成为医学和法律这两个最有声望的专门职业的综合训练框架的一部分。在德国，获得了大学学位之后才进行实践训练。法国在医学教育中曾尝试将实际训练与学位项目结合起来，但对大多数学生来说这还只是一个粗浅的实践经历而非系统的学徒训练。

英国专业教育发展的第二个阶段始于 19 世纪 50 年代牛津和剑桥对专门化课程的引入。这些课程很快消除了古典的“博雅”教育对于专业资格的必要性，并开启了将一些专门职业的整体训练纳入大学的先河。这在教学和研究中很快得到展现。到 19 世纪末期，一位化学老师或研究员已经可以在大学得到充分训练。如今，在医学、工程学、商业和其他几个领域，情况也是这样。因此，由专业协会设计和发起的大学教育逐渐融入训练体系，最终以训练转移到大学的方式结束。这并不意味着放弃实践训练，而是说，大学接过了担子，在校园中或者在大学监管下组织实践训练。

这说明，即使英国体系没有一个明确的指导原则，但还是有着潜在的逻辑。在 20 世纪的前半叶，它作为一个拥有很多垄断元素的不完美市场而运转。专业协会和大学彼此竞争，通过组织和发展稀有的专业技能来获益。它们都试图在专业教育的改善和多样化上胜过对方，以便能维持或获得对官方认可的专业地位的垄断特权。

教育质量的提升不是基于一个宽泛的概念，而是基于特定的评价。药剂师协会的要求与皇家医学院的要求被放在一起做比较，或者将伦敦大学学院的生理学教学与牛津、剑桥里该科目的教学进行对比。这些对比没能引出“什么是专业或专业教育”这一基本问题。传统的医学和法律专业应该接收哪些人的问题一旦被解决，关于公务员、教师、工程师等群体的专业地位和教育的新问题就会立刻出现。专门职业的概念太模糊，无法指导问题的解决。道德责任、教育要求和精深技术要怎样结合才能正当地赋予特定职业组织以专业垄断权，并阻止其他职业组织获得专业垄断权，这并没有清晰的标准。同样，也没有具体的权威机构来决定一项职业是否成熟到可以获得专门职业地位。除了具有正式资格的人外，对所有人关闭专门职业大门的最终权力落在政府手上。但拥有强势协会、可以组织高水平训练与资格考试的专门职业也在逐渐获得垄断权，即便没有获得政府许可（Reader，1966，pp.71−72）。苏格兰大学和伦敦新兴的大学学院，随后还有地方性大学，在这个进程中发挥了重要作用。

但在19世纪中期，仍有人质疑大学的价值和地位。专门机构替代大学的可能性仍然存在，如工程师协会那样强大的职业团体也没有寻求与大学结盟。因此，专门职业特权的产生有着多种多样的依据，专门职业资格没有统一的认定标准。

在领头的大学和其他所有大学接受了德国的教学与研究相结合的观点之后，这种专业主义的不确定性有了改变。教研结合清楚地将大学学习与其他类型的专业训练区分开来。

如果大学是可以获得高水平科学和学术教育的唯一途径，那么想从事专门职业的学生就应当在大学接受训练。如果高等教育意味着基于研究的教育，那么就需要有一个新的共同元素替代古典教育，来赋予“高深学问”职业以新的含义。这就使得人们倾向于让大学承担专业教育的职责，并且使大学在专业教育中慢慢获得了主导地位。然而，在20世纪，让大学单独承担专业教育的责任，其全部效果只是在美国才得到了实现，正是美国把德国大学教育的某些特征移植到自己的盎格鲁－撒克逊传统上。在开始探讨这些发展之前，我想先试着概括和对比到现在为止我所分析过的三个案例。

欧洲国家专业教育体系的比较

法国、德国和英国的体系在19世纪发展出各自的结构，并且直到20世纪60年代一直维持着它们的基本轮廓。这些体系在赋予专业群体以特权、为政府客户提供优惠待遇和组织专业学习方面，都发展出了独特的方式。

法国和德国体系都强调精英群体和普通学生的区别，为他们分配不同的职业。法国精英在大学校学习，所受的教育强调的是普遍意义上的智识卓越、博学多才和语言才华。精英们被分为技术专家群体和文化精英群体，在政府行政部门、高等教育机构和某些大企业中担任领导者的角色。[①] 在德国，精英与其他人一起在大学学习，但他们接受了更高强度的教育，并且最终从事学术事业。

英国的专业教育体系也建立在大学之上，但大学之间存在等级之分，位居顶层的是牛津和剑桥。与一般学生相比，精英学生接受教育的强度没有明显差异，也不像另外两个系统中的精英一样被限定在特定的职位上。英国体系培养出的是一个广阔的、比其他体系更多样化的专业阶层，其中的精英也像整个专业阶层一样多元。教育将最好的学生分流进最有名望的大学，从而促使精英群体形成。

与法、德分层的受教育阶级相比，推动英国多样化的专业阶层（包括行政人员、学术人员和高深学问职业的从业人员）兴起的条件是维持专门职业的特权。这种特权在法律和医学领域表现得最为明显。在这两个领域，传统的诉状律师和出庭律师之间的分工，或者全科医师与专门医师之间的分工，很明显都是服务于专业人员的利益，而不是客户的利益。这些公开的垄断是否会比存在于其他地方的、更加隐蔽但不一定效率更低的专业垄断更有损公众利益，还是个有待讨论的问题。如此安排

① 那些在法国高等教育中占据精英地位的人也拥有大学学位，并且大多数还是巴黎高等师范学院出身。

肯定将职业的地位提升正规化了，并且强调的是职业内部的地位差异，而这种差异在任何社会中都是无法容忍的。

但在对地位差异所进行的正规化安排背后，英国体系比法、德体系都要自由。它们的不同可以从英国和法国高级公务员的招聘过程中看出。这两个国家的人员选拔都在竞争性考试的基础上进行。但在法国，职位通常由在专门的应试机构学习过的候选人获得，这些机构有国家行政管理学院、巴黎自由政治学院，或者巴黎综合理工学院（该机构针对的是某些特定的职位），等等。学生是通过事先的考试而被选中进入这些机构的，这些考试据说可以预测他们通过接下来的考试的能力。他们也可能拥有大学学位，但这并不意味着他们有专门的技能。

在英国，公务员考试要求考生具有大学荣誉学位，并且该项考试为来自不同学科背景的考生提供了公平竞争的机会。因此，英国公务员不像法国公务员那样是预选出来的精英。他们接受各种学科的训练，并且与同事（其中一些人后来可能成为学者、科学家或律师）在特定的研究领域展开竞争，一旦胜出就可以追求公务员系统中的高级职位。因而与法国相比，英国公务员会更多认为自己是专业阶层中的一员，并且把自己看作是专业人士。这种要求公务员具备专门化教育背景的情况，在德国并不陌生。但那里的公务员几乎完全是在法学院接受训练的；学术精英和公务员之间存在等级差异，并且这两者都与“自由”职业者存在等级差异。

如此一来，牛津和剑桥的地位以及它们在培养成功的公务员候选人上的优势，没能阻止大学中专门化学科的发展，以及高强度专业教育的发展。与之形成鲜明对比的是，在法国，所有高强度的大学教育都因大学校的优越性而受到阻碍；而在德国，大学由有特权的、与社会隔离的教授阶层统治着，这也不利于专业的高强度训练。

在分层上，英国体系在统一的专业阶层内产生了连续的等级制度，这个阶层具有共同的特权和专业的技能。法国体系则主要产生了享有管理国家特权的文官阶层，还产生了挑战精英特权并批判政府和社会的知识分子阶层。英国体系也比德国体系更令人容易接受，因为德国体系中的学术精英和行政精英是与其他专业群体相互隔绝的（Marshall，1950，pp.44−47）。

这样的并置可能会有些夸大体制之间的差别。英国也有文官和知识分子阶层；进入顶尖大学的学生所接受的教育中，文学占据了较大的比重；在公务员考试和随后的行政部门职务中获得成功的人无论在背景上还是在整体面貌上都与法国的公务员十分相似；也有知识分子，尤其是大学师生，在广泛的哲学和社会议题上发表了超出专业知识的卓见。但是英国文官和知识分子的权威依赖于他们在某些领域被证实的专业能力，以及他们对有关专业阶层的能力、客观性和责任的价值观的忠诚。他们不能像法国的专业阶层那样，仅仅满足于做有才华的知识分子或批评家。他们也不能像德国的知识分子阶层那样，认为自己的教养和那些在其他岗位上工作的昔日同学有所不同。

美国的专业教育

直到 19 世纪六七十年代，美国才开始对学院的古典课程体系及落后水准感到强烈不满，这比欧洲晚了不止 70 年。之所以出现这种滞后，原因之一在于美国高等教育缺乏公共关注。美国的学院没有像欧陆大学那样垄断政府部门以及医学和法律专业的精英训练，也没有像英格兰的牛津、剑桥一样在统治阶级与专业精英之间形成特权联系。美国不曾产生这种联系，是因为在美国既没有一个统治阶级，也不存在拥有特权的专业精英。唯有在跟教会的关系方面，美国的学院可与英国的大学相比，因为大学学位通常是进入牧师职业的必要条件，尽管并非在所有教派中都是如此。不过即便是这种与某些教会的密切联系，也不具有同英格兰一样的意义，因为美国没有官方的政府教会。没有哪个学院得到了联邦政府的资助。有些学院得到了州的资助，但多数学院是与各种宗教派别相连的私立机构。它们的声望有赖于其作为人格塑造的教育机构的声誉。它们的教育理想是培养（民主美国意义上的）“基督教绅士”，而不是学者或专家。

因此，美国改革的背景全然没有特权学者与下层学者之间的冲突，或者知识分子与专业人士之间的冲突。改革运动的主要参与者是曾经留学欧洲（主要是德国）、想在家乡实践其新知识的年轻科学家和学者，还有就是大学和学院里的校长们，他们感受到了高等教育的新需求和新机遇，并设法加以鉴别和利用。尽管科学家和学者与欧洲的改革者有相似之处，但是学院校长却并非如此。欧洲高等教育界并没有私人企业家。

接受了德国训练的美国科学家和学者认为，学校应当主要从事学科性的和一流的专业研究，尤其是在医学和法律专业，研究要与训练紧密结合，高年级学生要为了研究而接受系统的训练。大学校长是实用主义者，他们想要寻求和创造高等教育的需求，并决心提高其下属各学院的地位。专业教育成为学者和校长都肯接受的目标：学者们之所以接受这一目标，是因为按照德国模式，专业训练必定主要包括对基础学科的学习和研究；校长们之所以接受这一目标，是因为专业训练需求甚广，并有希望不断增长。这是个易于开拓的市场，因为美国还没有这种高级专业训练的人员，那些想获得这种训练的人不得不去欧洲学习（Veysey，1965）。

事实上，专业教育成了美国高等教育中最独特的，也是迄今为止最具影响力的改革（Kerr，1963，p.18）。其演进始自新成立的约翰·霍普金斯大学移植德国模式的尝试。它被设计为一所纯粹的研究生院，或多或少以德国为榜样，从事各种文理学科学生及医学、法律学生的高级训练。

这对其他大学来说是一种不能忽视的挑战。一旦某一所大学别出心裁地致力于研究工作和研究生教育，那些精英学院就只好别无选择地追随它了。如果它们想要留住或者获得那些能为学院带来声誉的优秀学者和科学家，让他们为自己效力，就不得不提供与其竞争对手相当的从事研究和高级教学的机会。这就意味着要设立研究生项目，以便学者教学生怎样做研究。

不过，尽管对科学家和学者的争夺迫使大学成立了研究生院，但是对学生的竞争还是迫使它们维持其文理学科的本科教育项目。约翰·霍普金斯大学最终也不得不设立文理学科的本科项目。然而让人始料未及的是，这两项事业最后竟然相互支持。在富有声望的学院和大学——当然更不用说没有什么声望的——校长都尝试着发展职业导向的本科生学位项目。使这一实验得以可能的架构是选修课项目，它允许学生在课程中有相当大的选择余地（Ben-David，1972，pp.87–94）。

当发现职业导向的课程不能赢取人们的兴趣和获得声望之后，这些学院的校长又选取了一种主要以文理为基础的博雅教育。一门英语文学课由某些谙熟该学科的人来讲授，肯定比一门会计学课能够吸引更多的学生，即使后者教得也很好。因此，博雅教育课程保持住了它的主导地位，特别是在那些能吸引有才能的和相对富裕的学生的学校里，这些学生并不急于得到学业的回报。这并不是说所有这些学生都热衷于将博雅教育视为目的本身。选修制使得在博雅教育项目内具备相当程度的职前专门化（preprofessional specialization）趋向成为可能，大多数学生将他们所接受的博雅教育学习看作是在为研究生院的专门化专业研究做准备。①

无论如何，现代化的博雅教育课程的成功也保证了研究生院的成功，后者在一开始的时候要花很大力气来吸引学生。为了新式的本科生博雅教育项目，学校不得不培训文理科教师，而对这种教师的需求又刺激了研究生院的增长。在人文学科和社会科学中，以及在较小范围的自然科学中，博士生项目逐渐成为学院和大学教师的专业培训项目。

因此，就文理科目而言，美国研究与教学相结合的方式与

---

① 根据 1961 年的一项研究，76% 的学院（college）毕业生决定继续到大学的专业学院（professional or graduate school）或研究生院就读（Davis，1965，p.201）。

德国相当不同，后者是这种结合的典范。在德国，这种结合意味着，所有有志于研习文理科目的学生都受教于教师-研究者，学习适用于专家的学科性课程。这种宽松的教育体制允许学生在教育目标的种类和层次上存在差异。这种制度使一些学生在研究方面得到训练，而另一些学生则在各自的专门化领域获得不同程度的博学。在美国，研究与教学的结合意味着文理科的学生最好由有能力的、受过专业训练的研究者-教师来教授。它由一个架构——研究生院，尤其是文理研究生院——来训练专业研究工作者，由另一个架构——本科文理学院——来教授这些学科，以作为更进一步的专业学习的背景或者导引，或是作为通识教育的手段。研究生院成为培养研究者的专业学院，在这里，研究工作的学徒制成为培训的一个组成部分。在博雅教育课程中，研究仅仅是一种背景或者是对学习的一种教学补充。在这个层次上，教学也是高强度的，但是会作出调整以适应于学生的各种目的。

类似的关系也存在于所谓的专业学院的研究、教学与实践训练当中。我之所以称其为“所谓的”，是因为，如上所述，文理研究生院也提供专业教育。专业学院也最终在实质上分为两类：以研究为课程体系的主要成分的学院，以及并不把研究作为主要成分的学院。直到第二次世界大战，专业教育才将训练与研究永久地结合在一起。有些学院不太重视研究，甚至在医学这种训练要求最严格、将高级学位即医学博士（M.D.）学位作为执业门槛的专业中亦是如此。那些不强调研究的学院往往培训执业医生，而那些重视研究的学院则主要为医学学院和实习医院培养医学研究者、教师和专家。其他专业对研究的强调，都或多或少与其学位项目的层次相对应。第一级专业学位曾经是、现在仍然是高度职业化和具有实践性的，当然，工程领域的某些第一级专业学位例外，它们事实上已变成了第二级专业学位；硕士层次的训练或许略多了点研究导向，但是只有到了博士层次的项目，才无一例外地将专业训练与研究结合起来。因此，研究与教学相结合的方式，在文理学科中与在专业学院中实质上是一样的。在这两种情形中，研究与教学的结合都发生在博士层次，它拥有为所有层次的学位培养教师的垄断权。但是这并没有减少专业训练计划的数目，也没有导致所有层次、所有类型的训练的强度减弱。美国体系里专业训练的多样性超过了英国，更不用说超过了其他欧洲国家（苏联的一些领域例外）。它们有的强调对科学基础的完全掌握，或许还会强调高级研究的经验。另外一些则更注重实践，还有些仅仅是为了培训高级技术人员。但是不管学位项目的层次和类型如何，大学都有责任（像英国那样）传授与这些学位项目相称的实践能力。在任何情况下，美国大学都没有像法国和德国大学那样，仅仅满足于对基础领域的专业人员进行通识教育，而把如何获取实践经验的问题留给毕业生或其雇主，或者是这两者。这是因为，美国大学最初就不曾拥有专业训练的垄断权，如果不提供具有实践价值的训练，它们就不可能吸引到学生。学位必须是具有良好规格的市场化产品。因此，人们曾经可以，而且仍然可以，从学位的层次和领域以及授予学位的机构，对毕业生的能力作出相当有效的推断。

对学生进行实践训练的责任，以及公认的专业训练等级制度的存在，都更能让人回忆起英国的体系，而不是德国的体系。在这些方面，源自英格兰和苏格兰的地方传统与环境比从外部植入的德国模式更为有力。不过，这两个因素在美国的发展远远超过了它的英国前辈。

在将学徒训练完全纳入正规大学课程的过程中，实践训练的责任显然更大。在作为大学组成部分的基础医学院系与负责临床培训、在实践上自治的教学医院之间，或者在大学的法律教学与事务律师和出庭律师事务所的学徒训练之间，英格兰都存在着劳动分工，而这类分工并未被美国接受。美国基本上不存在这种由大学和专业协会共同分享专业训练的理念。

美国体系所表现出来的专业训练与大学专业学位的统一和等级制，几乎完全未在英国体系中出现过。在英格兰，专业等级的维持主要是通过专业协会颁发的学位和头衔，而不是借助不同的大学学位。最后，美国的等级制赋予了博士生项目最高的学术声望。最好的学校和最好的系所，包括最好的专业系所，都越来越专注于研究者的培养。这并不是说其他类型的训练就不是集中而有效的，而是说在此学术体制之内，与博士生项目相比它们没有什么声望。这与英国的专业传统十分不同，它们只是近来在美国的影响下才开始强调研究。

将博士生项目置于顶端的这种学术功能等级制度是在地位牢固的精英教育机构尚未形成的情况下发展起来的。起初，包括哈佛在内的最负盛名的大学都试图维护其独立于研究生项目的博雅教育课程的声望。像英格兰的牛津、剑桥，或法国精英的大学校，都认为它们所担负的培训未来公务员、商人、政治家和专业精英的使命，并不亚于对科学家和学者的培养。不过美国精英大学的声望并不是由政府或传统赋予的。如同德国的情形，美国精英大学的声望立基于招收最优秀的学生、提供高质量的教育。为了维护声望，它们不得不与诸如约翰·霍普金斯、芝加哥、伯克利、威斯康星和密歇根这样强大的挑战者展开竞争。在这场竞赛中，吸引到顶尖学者的能力成为最重要的长期因素。由于学者为研究工作和研究生训练所吸引，博士生项目的重要性势必与日俱增。

将实践训练整合到大学之中，加之博士生项目地位的提高，就导致缺乏理论内容的专业领域中也出现了哲学博士生项目（以及研究工作）。传授专业的实践技艺的那些人需要博士学位来确立学术信誉，并提高其领域的学术地位。在诸如医学这样的领域中这并不是严重的问题，因为临床领域含有足够多的学科性或理论性内容，可以在合理的水平上进行研究。

但在较新的领域，像在教育、商业、公共管理领域，可能也在一些工程学领域，就很难找到跟实践直接相关的学术性学科了。然而，博士生项目经常出现在有意义的研究工作之前，以便强力推行研究，并因此将方法和原理引入实践传统来寻求专业身份（Flexner，1930，pp.54–72，96–124）。

这些实践给职业（occupation）的“专业化”，以及给专业教育带来了前所未有的独特而精确的含义。专业化的基础既在于关注特定专业领域里基础学科性的及实践性问题导向的研究工作，也在于基于这种研究工作的博士生项目。专门职业的一般人员接受第一级学位或（更为常见的）第二级学位的训练，他们的老师通常拥有专业领域的博士学位，项目的内容既包括基础学科学习，也包括教师指导下的实践训练。这种专门职业的理念结合了德国学术体制的逻辑——将专门职业与其他职业通过其科学内容区别开来，以及英国的传统——将专业训练视为在技术上和制度上纷繁复杂的和/或在公共性上“重要”的领域中的高水准能力和信誉的习得。

仅就演进的方面而言，美国的专业教育已远比其他国家“成功”。它造成了一个比其他国家更加庞大、分工更细的专业阶层。它避免了法国和德国体系中明显存在的陷阱，即这两国打造了一个由训练有素的专业精英集团组成的不变核心，以及一个由训练不足的专业人员、辍学者、作为校园“活水”的学生以及疏离的知识分子组成的边缘群体，该群体只受过粗浅的教育，且部分地荒废了时光。通过采用非常灵活的“研究”观念来作为所有专业教育的基础，它也克服了英格兰纯粹实用主义的、技术导向的实践训练传统的知识刻板性。它也比任何欧洲的体系都更进一步地从专业主义中消除了建立在传统身份区分上的元素，比如那些拥有欧陆学位的人，或者英格兰的那些富有声望的专业协会里的成员所拥有的崇高地位。

这解释了为什么美国专业教育具有吸引力，以及为什么全世界都试图模仿它。但这并不是说它就是完美的，甚至也不是说它是可能存在的最佳专业教育类型。

美国教育体系的发展有其特定的时代语境：大学必须展示出实践价值的令人印象深刻的成果，以便在一个不承认其对专业训练拥有垄断权的社会中站稳脚跟。大学一旦确立了颁发专业学位的特权，就有了很大的滥用空间。寻求这种特权的职业群体会施压于州立大学或诱使私立大学，在那些研究工作对知识进步或实践都没有什么贡献的领域中，制定专业训练计划和设置学位。这样的学位随后可以用来在某些就业领域建立起"封闭的商店"[①]，而无须提高任何服务标准。事实上，专业化可能会降低标准，因为它以无用的准科学教条代替了有用的传统、常识和试错。

美国大学系统的某些机制减少了产生这种有害后果的可能性。亚伯拉罕·弗莱克斯纳（Abraham Flexner）（1930，pp.54–72，94–124）认为，20 世纪 20 年代的商学院和教育学院就代表了这种有害的趋向。不过，商学院根本没有机会确立起它们的毕业生对高层商业职位的垄断权。因此，它们不得不继续探索，产出研究成果并培养在商界看来有用的毕业生。在教育领域，大学、专业协会和地方政府有可能形成合谋，因为教育是一种垄断性服务，地方教育体制不必在竞争中检验自身。不过即便是在这个领域，也有一些对垄断权的检查。教育研究和训练一直受到学术界以及政治家的批评，而不同地方教育主管部门彼此近在咫尺，对专业垄断权的滥用形成了一定的制约。但是这些大都是对体制的外部审查。从内部来看，像美国专业教育这样的系统很容易发生水准的下降。那些或许不具有类似的

① 这里的"封闭的商店"（closed shop），意即就业市场上只雇佣那些拥有特定学位的毕业生。——译者注

外部审查的国家使用这一模式时，要考虑到这个重要的方面。

专业教育的改革

本章所比较的四个国家的专业教育的发展，可被视作专业教育改革方面的一系列相互关联的尝试。这些尝试的官方目标是废除古老的专门职业，即神学、法学和医学的身份特权；与之相伴的是，断绝与社会特权阶层的联系，尽一切努力垄断社会中那些在智识上和教育上最优秀的群体，使他们为自己效力；取消作为所有专业教育之共同基础的古典教育，代之以新的、与专业工作直接相关的专门化课程。

这些尝试的背景是，由于现代科学的兴起以及以现代科学为基础的启蒙运动新哲学的兴起，人们对将古典学问作为真正知识的来源失去了信心。人们开始向前看，通过研究来发现新的和不断更新的知识，而不是向后看，在古书中寻找知识。随着古典学问的卡里斯玛魅力的丧失，掌握古典学问的专业阶层的身份特权的基础也就消失了。如上所述，专业阶层本身也不在乎古典学问了，而仅仅是对其外表感兴趣。

这些形势似乎为废除所有的专业特权提供了一个机会。现代科学和技术看上去并没有为专业阶层的兴起提供基础。科学和技术知识被专门化了，从逻辑上讲，它会催生出不同类型的专家，而不是一个统一的、有学问的专业阶层。而且，科学技术知识的专门性和工具性特点似乎也与先赋性的身份特权不一致。人们认为，这种知识的实践效果可以由当事人自己来判断，所以正式学位以及其他特权身份将不再重要。这种知识的卡里斯玛魅力将会散布并彰显于拥有和使用知识的人们所从事的实际工作中，而不是集中于某个身份群体中。

事实上，就像我们已经看到的，尽管各领域中专业资格的获取机会都大大增加了，但是专业特权还是再次出现了。在法国，科学技术知识在很大范围上不是用来为实践工作做准备的，而是作为选拔新文官阶层的一种工具。研究成就成为德国高级学术地位的基础；然而，这种体系也发展出了一种高度形式化的等级制。卡里斯玛魅力并没有真正消失，因为那些未成为研究者的人没有得到有效的训练，他们的主要目标常常是获得学位——就像法国的情形一样——这会给他们带来一种实质上是先赋性的地位。由于这种地位来自大学，这种推崇先赋性地位的德国体系也玷污了基于成就的教授身份。如此一来，教授的头衔和荣誉比其具体成就更惹人注目。

只有在英国和美国，才发展出了一套灵活而连贯的基于成就标准的专业声望级别。各个层次的每种专业训练都得到了强化，由此可以获得适于该层次的实践才能。这就逐渐取消了旧的专业身份的先赋成分，而为新成分的出现提供了更多机会。大学和学术型教师–研究者垄断了专业身份的授予权。现如今的学术型教师–研究者可以跟以往接受人文训练的授课牧师相提并论，他们是将专业体系统一为一个整体并赋予其合法性的核心专门职业（core profession）。这并不是说，这种新的核心专门职业可以在其他方面与牧师相比。与牧师不同，它是一种高度专门化和分化的群体，从来不寻求将权威建立在不变的教条之上，或者通过政府的高压来支撑其学说。因此这种垄断权并不是免检的，滥用的可能性有限，不过也存在着滥用这种垄断权的诱惑，即用它来创设一些缺乏科学技术知识之支持的新型专门职业特权。这种垄断权的滥用不会造成一个小型的、寄生的上层专门职业阶层，但是会形成大规模的、寄生性的低层和中层专门职业阶层，他们利用学术文凭主义[①]，可能会制造出比传统的高级专门职业更有害的垄断权。

结论

新的文凭主义严重威胁着高等教育。如果任由这种文凭主义不受控制地蔓延，它将使其科学的专业主义内容荡然无存，并削弱其卡里斯玛魅力。不过这远远不能和建立在古典学问基础上的旧专业主义消亡时的情况相提并论。18、19 世纪的古典学问面临着强劲的竞争对手，即现代科学。如今，现代科学却看不到竞争者。因而问题是，怎样避免专业主义的滥用，以及如何提高专业训练的效率，而不是用其他东西来取代它。

这种积极发展的前景不错。尽管各种体系都有不足之处和薄弱环节，但专业教育的整体发展还是相当成功的。专业教育已经变得越来越科学。专业训练的新理念已迅速扩散，尽管实现这些理念的制度手段并不总是充分的。如前所述，欧陆体系并没有作出调整以适应各种新的专门职业的训练；在这些体系

① 文凭主义（credentialism）：是指依靠正式的资格、证书尤其是学位来确定某人是否被允许承担一项任务、获得聘任或职位晋升，以及作为专家发言。文凭主义会导致资历膨胀、对证书和学位的过分强调。社会学家兰德尔 · 柯林斯 1979 年的著作《文凭社会》（*The Credential Society*）“研究了文凭主义与阶层分化之间的联系”。——译者注

下所获得的训练经常强度不够；并且欧洲的专业主义仍然保有旧特权的成分。不过对于具有主动性的学生来说，只要将研究和个人学徒制结合起来，到处都有大好的训练机会。在整个19世纪，欧洲和美国随后的大学改革目标，即为专业教育建立新的科学技术基础，已成为现实。

但是，这并不是说——特别是像很多法国和德国改革者所宣扬的——所有的高等教育都将变成专门化的专业教育。博雅教育在美国依然存在，通识教育的成分还隐含在其他体系当中。此外，研究工作在法国和德国最初被视为是教授和少数优等学生的私人活动，在德国还曾作为教育各专业领域的学生的基础，而现已逐渐成为独立的大学功能。因此，大学改革确实实现了专业训练的转型，但也产生了一些后果，催生了早期改革者不曾预见的进一步的功能。我们现在就转而讨论这些始料未及的功能，即通识教育和研究。

第四章　通识性高等教育

尽管以专业教育为主要目的，高等教育系统还是在“为职业做准备”这一工具性要求之外，包含着关于“高等教育到底是什么”（what higher education is in general）的观念。就法国和德国而言，尽管19世纪初之后这两个国家没有通识教育的大学项目，但大学的教育实践中还是暗含着通识教育（general education）的观念；而英国和美国（尤其是美国）的大学教育实践则清楚地传达着这样一种观念。在美国，有一个明确而重要的通识教育项目——文理通识课程（the liberal arts course）；而英国则有很多项目提供这类教育。[①]这些不同的观念在上一章已经有所提及，本章则会进行更加详细的阐述。

法国和德国

可以看到，法国的高等教育并不是高度专业化的。直到19世纪80年代，法国的文学学士学位还不涉及专业化的问题，理学学士也是如此。后来，文学和科学教育才逐渐变得专业

① 例如，在苏塞克斯大学（Organisation for Economic Cooperation and Development, 1972, pp. 237–242）。

化。与此同时，良好的古典研究功底、语言基础以及数学基础（在自然科学领域）持续受到重视。即使是工程学校，如巴黎综合理工学院，其教育内容也是非常广泛的，这样的学校对于数学和理论物理这类基础性学科的强调多于实验科学，同时也设有经济学、哲学和文学方面的课程。如前文已经提到的，这种对于知识广度以及对一般语言表达能力和逻辑能力的重视也是法国考试体系的特点。

然而，这一教育体系的目标是使学生能够参加获取特定职业资格的考试。因此，文科课程（the arts course）的通识性的、非专业化的本质与这样一个事实相关：绝大多数文科学生都是在为高中教师这一职业做准备，而高中的目的就是提供一种良好的通识教育，这种教育正是以掌握法语和良好的古典学术为基础。不管是一个普通的医学从业者，还是一家国有烟草工厂的执行董事，都不需要高度专业化的知识。他们需要的是对自己领域的一种良好的总体性掌握，以及随时获取所需知识的能力和思维方法。而教育机构和证书颁发机构——在法国，二者是同一机构——的主要任务就是确保投考者具备了此种能力，获得了此种方法。

在法国人的观念中，这些思维方法与运用这些方法的能力一样，都是相当通识性的。按照这种观念，人文倾向的思维能力和数学倾向的思维能力之间确实存在一些不同，而基于语言表达和基于数学逻辑的两种教育传统之间也存在一种相应的区别；然而，在本质上，几种普通科目，如语法、修辞、逻辑以及数学，被认为是所有专业知识的基础。因此，在很长一段时间里，国立高中（*lycées*）和高校的文理学部之间并没有明显的区分。同一个教授可能在两种机构内同时任教，而学士学位（*licence*）和教师资格考试（*agrégation*）在某种意义上仅仅是更高级的高中毕业会考（*baccalauréat*）；它们在本质上要求掌握同样的知识，只不过掌握的水平更高一些而已。

因此，通识教育和专业教育的内容之间有着很大的连续性。高中生为发展他们的智力和道德品格而学习；而文理学院——如巴黎高师或巴黎综合理工学院——的学生则是为了将知识运用于他们未来作为教师或其他行业从业者的职业生涯而学习。但是，他们是在不同的水平上学习同样的东西，这种水平的划分有一个相对统一的标准，即智力和教育方面的卓越。这种以教育卓越（educational excellence）作为本质上唯一标准的理念在法国还非常普遍。这种理念可能已经不再占据主导地位，即不再为大多数人所信奉并指导着教育实践，但它尚未被其他理念取代。接受和反对这一理念的人都有，但是反对的人还不确定该用什么来取代这一理念。

与此形成鲜明对比的是，德国对通识教育和高等教育进行了质的区分。通识教育在 19 世纪初就已经归入了文理高中（*Gymnasien*），其内容跟法国有些相似，即语言、文学、历史（现代史和古代史）、数学、物理以及部分化学和生物学。这些知识被认为是高等教育必要的前提条件，但与高等教育的知识类型并不相同。高等教育则意味着要获取某种专门能力，即通过原创性研究接近甚至超越知识前沿的能力。如果求知之时不能通过研究来探索新问题，那么任何程度的求知欲或渊博知识都不能被认为是高等教育的标志。

有关高等教育中的通识要素（general element），存在两种根本不同的观念。在法国，这种要素被理解为对精确定义的智识内容（intellectual contents）进行处理的精湛技艺。而在德国，这种因素则是原创性发现所倚重的智识经验（intellectual experience），而不管这种发现的具体内容为何。

如前面所指出的，法国的观念意味着学术性的中等教育和高等教育之间有很强的连续性，而德国系统则假定两级教育之间是不连续的。如此一来，法国高等教育很难进行专业化，而德国则从19世纪中叶以来就存在一种将中等教育专业化的压力（Paulsen，1921，pp.544–637；Zeldin，1967，pp.64–65）。

这两种传统有一个共同的要素，那就是：它们都假设高等教育是一种选拔并培养知识精英的手段。两种教育系统之间的差别是策略上的。法国系统通过对一般的智力素质的鉴别来选拔其专家；而德国系统则试图通过观察学术性和科学性的专业研究中的成就来选拔其精英。但是，尽管一种系统强调通识教育，另一种强调科学研究方面的准备，这两种系统却都是为了培养少数经过选拔的人，这些人能将智力领导与学术生活、行政服务或专业生涯结合起来。

但是在实践中，除了在法国的大学校，这两种教育观念在实践中都没有持续地得到实现，因为两种观念背后的假设都是不切实际的。自19世纪末以来，欧洲大陆的各个国家都有大量学生进入大学接受教育、寻求生活的机遇，而他们的头脑中并没有一个确定的职业或学科。由于高等教育体系并不能迎合学生的需求，学生们不得不选择最有可能帮助自己实现预期愿望的东西。在大多数国家里，这种选择是学习法律以及一些政治科学和经济学。这些教育通常要求并不严格，也不涉及非常技术性的研究（如经济学一般是描述性的制度学派的，而不是分析数学一派的），涉及的是关乎一般人类利益的主题，这些学科的教育只是培养学生在比较宽泛的职业部门（如行政部门和私营企业的管理部门）就业（Zeldin，1967，p.64）。

人们所默认的这种"通识教育"并不能满意地解决这类学生的问题。很多学生并不重视学习，因为他们选择这种学习仅仅是因为没有其他什么能达成自己的目的。而教师和大学当局也容忍这种情形，因为他们假设，如果学生真想致力于某个专业（特别是法律），他们必须通过进一步的资格考试。但是，认为大学功能的这种堕落不会造成什么不好的后果，则是错误的。数量庞大的沮丧的学生群体变成了政治和道德骚乱以及责任沦丧的滋生地。学生们受教育质量差，加之他们很高的却又受挫的心理预期，很可能进一步降低他们找到满意工作的机会。这导致了一种理智主义（intellectualism），它与失业、经济挫折和政治激进主义联系在一起，而不是与不断改进的工作能力和享受闲暇的能力联系在一起。因此，高等教育的发展被视为社会的负担而不是资产。知识分子被视为社会的问题，政府在镇压他们和用不必要的官僚机构职位贿赂他们之间摇摆不定（Kotschnig，1937；Mannheim，1944，pp.98–114；Ringer，1969，p.65；Schumper，1947，pp.145–155；Zeldin，1967，p.67）。

英格兰

与隔海相望的欧陆大学有所不同，英国大学是私人机构，服务于截然不同的“顾客”群体。两所历史最久、声望最高的大学——牛津和剑桥，培养的就是贵族子弟和那些打算进入神职行业或其他高深学问职业的学生。新兴的高等教育机构通过培养专业人员来与牛津、剑桥竞争，但这些机构没有什么机会培养上层阶级或神职人员，而这些人在 19 世纪还是非常重要的势力。因此，这两所古老的大学不愿放弃培养绅士阶层的任务，转而将专门化的职业教育压倒性地作为自己的“主业”。在英国还是有一种强烈的主张，要求保留博雅教育的人文理念，即使这种主张是以一种改良的形式提出的。

我们已经知道，最终英国的旧式大学主要按照德国模式进行了改革，但是英国大学却比德国大学更加真实地坚持这样一种主张：专门化学习的目的不一定在于获得实际技能，而在于作为心智训练最好的途径，并且心智训练自身即为目的。这样一种主张使得英国大学保留了没有明确职业方向的博雅教育理念，同时还招募有能力的科学家和学者出任教师，当然，这些人在各自的领域都是专家（specialists）和专业人士（professionals）。因此，培养知识精英的通识教育理念和让学生为专业岗位做准备的教育理念之间的区别，在法国和德国的高等教育系统中是纯理论的，而在英国则至少部分地成了现实。牛津和剑桥的一些学生有能力承担并且确实进行了高度专业化的学习，这种学习是以塑造心智的通识教育为目的的，而没有任何具体的职业构想（如本书第 25—26 页）。可能因为精英大学在实施这类教育时获得了相对的成功，在英国，很少有人坚决要求永远保留中学的“通识”教育和大学的专业教育之间的区分。文法学校的六年级（即以学术为导向的高级中学的最高年级）已经相当专业化了，虽然这些学校允许学生在很大范围内选择科目，事实上他们已经放弃了共同的通识教育内容。因此，英国中等教育贯彻了通识教育的理念来训练学生的心智，它所采用的手段是让学生对有限的领域进行深入学习，而不是让他们获取一系列传统上规定好了的标准内容——这样一种理念在德国的中等教育中从未被正式接受过（在法国所有级别的教育中也是如此，甚至在高等教育中）。

但是，尽管存在“专业教育可以为通识教育的目的服务”这样一种观念，主要以实际职业需求为目的的专业化还是不可阻挡地成为英格兰大学教育的目标。但是英国大学（在此我把苏格兰的大学也包括在内了）却有效地抵制了将某些专业直接服务于通识教育目的的敷衍之举。英国大学的录取从未单独以大学以外的权威机构所设计的考试为依据；正是通过对考试的控制，大学相对成功地调节了自己的录取要求。如此一来，大学能够有效地对学生进行培养，并将他们安置到与其所受教育相称的职业中。结果，英国的高等教育系统对于欧陆高等教育系统中特有的堕落、骚乱以及知识分子失业与不充分就业问题有了相对的免疫能力（Kotschnig，1937）。

通识教育的目的在英国也没有像在欧陆那样完全衰落。学生们还是有可能获得一个非专业化的“普通学士学位”（pass

degree），尽管这并不是大学想要授予的学位。但是有些大学正在试验一些新的、高标准的、博雅教育类型（liberal-arts-type）的第一级学位项目，而另外一些大学则在试验一些以大范围的选修课为基础的项目（Organization for Economic Co-operation and Development，1972，pp.237−242）。

即使是那些倾向于以专业课程为主的大学，也感到自己在对学生进行一般意义上的智育和德育方面负有责任。大学设法对学生公寓进行一些带着教育意味的监管，并建立一些针对学生个体的辅导机制。大学经常建议学生就自己专业之外的题目进行阅读和写作，并积极关注他们在专业学习上的进步，以及在普遍意义上的教育及个人发展方面取得的进展。最重要的是，在这方面，大学教育被认为是成功的。受过大学教育的人在就业时（不管其所就的是不是其专业能力范围内的职业）总是被看作宝贵的人才，在参加政治活动和其他公共活动时也是如此。大学毕业生之所以被看作精英，是因为他们经受了严格的选拔和良好的教育，而不是因为拥有学位的人享有正式的特权和传统的声望。由于他们确实经受了严格的选拔和接受良好的教育，在就业时也就没有什么严重的问题。

博雅教育的放弃

英格兰大学无视通识教育的重要性而基本上将其从课程中去除的原因似乎是：在学术型教师们看来，提供一种稳固可靠的通识教育自18世纪末以来就几乎是一项不可能的任务。正如我们所看到的，对于通识教育的内容是什么这一问题，一直存在根本的分歧。对于那些将高等教育定义为学习和研究相结合的人来说，一种通识性的高等教育课程体系是自相矛盾的。而那些认为高等教育中不需要研究的人，则发现想要明确界定通识教育所包含的课程范围和类别已越来越困难。而且，一种通识教育课程体系的设计，离不开计划、协调和组织。这就意味着会有一些权威的官僚式监管，而这往往使大学教授感到受到限制而心生反感。而欧洲大陆的大学已经是由代表不同专业的独立教授所组成的行会而不是官僚的组织，也就没有权威来设计这样的课程。如果要设计这样的课程，就会使大学在特性和组织方面发生剧烈的改变。

只有法国的大学校会组织这样的通识教育项目，并确实拥有跨学科的课程体系。但是优秀的学者和科学家却转移到了教学较少受行政指令支配的大学之中。[①] 这就导致了一种荒谬的现象：最优秀的学者和科学家以一种自由的风格教那些能力较弱的学生，而最好的学生却在接受差一些的老师的教导并在严格的监管之下进行学习。

相比于欧陆大学，英国大学在行政管理方面的协调性更强。他们没有人为地将大学的办学、财政责任与教学、研究责任分割开来。而在欧洲大陆，前者是中央或各州政府的责任，后者则是教师们共同保卫自己的学术自由不受外界干涉或彼此干涉的特权。在英格兰，牛津和剑桥是真正享有自治权的实体，它们对自己的资金、学校共同的教育政策以及学校运转的

① 法国高等教育系统由大学校和大学这两个系统组成。法国成绩最好的高中毕业生一般进入大学校而非大学系统。——译者注

其他所有方面负责，而学校的运转在很大程度上靠学生的学费来支持（直到20世纪30年代）。[①] 因此，他们必须关注学生的福利和教育——与欧陆大学的学生不同，牛津和剑桥的学生并不是被廉价的教育吸引而来的。但英国的大学可以说是教师的大学，因为教授们（在牛津和剑桥则被称为dons，即“导师”）对学校的管理有着广泛的影响。创建一个由许多不同领域的研究组成的最新课程体系，需要彼此差异较大的学科（remote disciplines）里的教师达成一定程度的共识，以及他们之间的合作，而这是不可能实现的。这就解释了为什么尽管通识的、非职业取向的高等教育目标得以保留，而博雅教育课程体系却被抛弃了。

美国的博雅教育

学生的学费和学术治理的本质可以帮助我们理解为什么博雅教育的目标和内容能在美国保留下来。在美国，大学原本是私立教育机构，由校长而不是教授或导师团来管理。父母们支付合理的学费，而校长个人对教育效果负责并聘请教授，其所聘的教授最初只是校长的帮手。伟大的德国社会学家马克斯·韦伯（Max Weber）在大学改革行将结束时（1904年）访问了美国，他写道，“美国学生对教师的概念就是：他为了我父亲的钱而出售知识和方法”（Gerth & Mills，1946，p.149）。此后，校长的角色和权威发生了改变，但未变的事实是，大学

① 学费占其收入的30%左右。其他私人经费，如捐赠，占15%至18%（参见Halsey & Trow, 1971, p. 63）。

依然将一种特定类型的教育“售卖”给学生，并按照一个全面的、协调一致的教育项目的需求来聘请老师。

因此，相对于欧洲（包括英国）而言，美国的通识性高等教育（general higher education）在组织上是可行的。美国存在创立并协调通识课程体系的行动框架和权威。而且，虽然说欧洲也存在对通识教育的需求，但美国对于这种教育的需求甚至更加明显。中产阶级有兴趣为子女提供这样一种高等教育，他们也有能力和意愿为这种教育付全部费用（至少是当前教学费用的全部），而且这个群体比欧洲的更庞大也更强势。由于他们要么自己付费，要么控制着为教育付费的各州立法机构，因而他们的意愿不可能被忽视。

但是，甚至在 19 世纪末的美国大学改革之后还有一种学术传统也有助于维持通识教育项目。这就是 18 世纪美国的学院在苏格兰的大学的影响下进行的局部改革运动——在当时，苏格兰的大学可是世界上最好的高等教育机构（Sloan，1971，pp.23−32）。在 18 世纪，苏格兰是启蒙哲学和启蒙科学最重要的地方中心。与法国哲学家一样，苏格兰哲学家认为所有的科学和学术都可以统一在一个哲学基础之上，也坚信科学和其他现代学术研究具有智性价值。但是苏格兰的哲学更加注重归纳，不像法国哲学那么抽象，而其教育方案也包含了更多经验性的科学和学术。苏格兰哲学家和 18 世纪法国哲学家的另一个重要区别就是他们对于宗教的态度。在苏格兰，哲学和宗教可以在双方都认可的条款下共存。这就使得大学的改革不需要革命和政府的政令，也使得新教育观念可以付诸实践。因此，用专门机构（specialized institutions）取代大学这一对于欧洲大陆的改革者们来说极为重要的观念在苏格兰从未落实。苏格兰大学改革始于 18 世纪前半叶，至 18 世纪中期，在用专门机构取代大学这一观念被广泛接受之前，已经有了很好的发展。1730 年，弗朗西斯 · 哈奇森（Francis Hutcheson）在格拉斯哥（Glasgow）用英语讲授哲学课程，很快英语在各地都成了授课的主要语言。苏格兰所有的大学都引进了专门分科的教授职位；这些大学对于科学和学术中各种实际的或应用性的新领域都相当地开放；同时，旧的经院哲学和形而上学被新哲学课程取代了，这些新哲学有着启蒙风格，试图整合现代科学的成果并将其应用到传统的哲学问题之中。除了德国的哥廷根大学和哈勒大学有可能更好外，苏格兰的这些改革比欧洲的“启蒙”统治者——如奥地利君主玛丽亚 · 特蕾西娅（Maria Theresia）和约瑟夫（Joseph）二世——在 18 世纪后半叶所进行的最激进的改革所取得的成效还要大得多（Paulsen，1921，pp.109-113，126-148）。

因为一些尚未被探讨的原因，苏格兰的大学没能维持住它们在科学上的势头。或许改革并不成熟，表现在新学科尚不能有效地与古典学问竞争，因而最终仍然是次要学科。另外一个原因可能是，改革试图在哲学层面上整合所有的学科，这是启蒙时期哲学的一种空想，在法国也同样没能实现。新的科学研究，作为大学教育中需要专门化的学科，在德国取得了成功，因为哲学家们没能将自己的想法强加给大学。苏格兰哲学家更加成功，但他们胜利的代价是科学在他们所在的大学中相对衰落下来。然而苏格兰的大学不同于英格兰的大学，到 18 世纪中期它们已经经历了改革。即使其科学和学术的卓越性有所削弱，但它们仍然重视现代科学的精神，并且仍然有效地向其学生传递现代的世界观。

在改革前的 19 世纪，美国的学院很大程度上是其苏格兰先驱的地方性复制品（Sloan，1971，p.245）。它们没有 18 世纪苏格兰诸大学那种科学上的卓越，而有着严肃得多的宗教义务。课程设置简陋而低劣，从苏格兰引进的新方法变成了枯燥的教育说教。但是美国诸学院的哲学是后启蒙时期的苏格兰式哲学，这种哲学试图在科学和宗教之间形成和解。道德哲学课程通常由学院校长讲授给高年级学生，它是一种现代哲学兼 18 世纪社会科学，至少在原理方面不排斥科学的和现代的专业科目。这并不是说传统不需要外在因素就可以恢复自己的活力，这在苏格兰和美国都没有发生过。然而当德国专门化的科学的影响传入美国，文理学院（liberal arts college）接受了这种影响，同时也没有脱离通识教育。美国的学院在框架和目的上具有一定程度的现代性，它所需要的是用一个新的内容来赋予这个目的以实质。

这个内容就是 19 世纪时发展起来的专门化的科学。但是新的知识如何才能为大学所吸收则是一个问题。哈佛大学校长查尔斯·埃利奥特（Charles Eliot）和新成立的康奈尔大学的校长安德鲁·怀特（Andrew White）最初设想将这些新领域作为选修课，以此丰富现有的课程体系。单有想法是没用的，要想将它变为现实还需要找到能胜任的老师，或者针对有着不均衡教育背景的学生分别教授不同科目中的独立课程。因此在整合这些课程时会出现难题。这些难题可以由其他大学（尽管埃利奥特也参与其中）发起的另一项改革的另一方面来解决，即建立研究生院。

正如上一章所说的，19 世纪 70 年代在德国思潮影响下进行改革的最初目的并不是发展博雅教育，而是用专门化的高等教育来替代它。然而，由于没有中央组织（美国高等教育的中央集权程度连英格兰都不如）策划这一变革并为一些可能不太需要的服务提供公共资金，文理学院得以继续生存。建立于 1876 年的约翰·霍普金斯大学是一所完全专门化的研究生院，它对美国高等教育所产生的影响可无法和 1810 年建立的柏林大学对德国高等教育的影响相比肩。尽管约翰·霍普金斯大学在科学上卓有声誉，但在经济上则没那么成功。家长们愿意支付大学教育费用，但对高层次的科学甚至是专业教育的需求却很有限。研究生院要想成功，离不开人们对其服务的需求，而这有待于其他类型的高等教育（尤其是文理学院）的发展。文理学院也是聘用那些在研究生院学习过人文和科学的学者的主力。但是为了实现这个目的，学院需要进行改革并拓展课程，这样才能充分发挥来自研究生院的多元化专家的作用。文理学院选课制度中的课程设置部分地采取了放任和自由市场化的方式，这使得改革变得可能。学生可以在宽松的范围内选择课程，敲定自己的课表。与此同时，学生的需求也促使学院增设课程。例如：

1870—1871 年间，哈佛有 643 名在校本科生，32 位教授，开授了 73 门课程。1910—1911 年间，对应数据分别升至 2217 名学生、169 位教授和 401 门课程。耶鲁学院在 1870—1910 年间，学生数从 522 上升到 1519，教师数从 19 上升到 192。普林斯顿的变化与之类似，1870—1910 年间，学生数从 361 上升到 1301，教师数则从 18 上升到 174。这些变化说明了在引入选课制度的这段时期，这三所机构的学生数翻了三倍，教师数也因为新课程的引入而增长了五到十倍。（Ben-David，1972，p.57）

这样一来，本科生的课程改革催生了对在研究生院中接受过训练的教师们的需求。因此文理学院改革成为研究生院成功的条件之一，就如同 19 世纪早期德国文法中学的发展和对教师的需求是德国大学改革成功的条件一样。不过还有一种通常被忽略但是很重要的对立关系，也就是研究生院乃本科学院的延伸，它的建立使博雅教育课程体系的现代化成为可能。如前所述，高等教育的通识课程项目（general program）在英国和法国都失败了，尽管英国对通识教育持积极态度，而法国改革后的专业教育就建立在通识课程体系的基础上，不过由于科学和学术变得十分专业化，一流学者都不愿意教授通识课程。在美国，学者可以训练他的研究生达到他自身的水平，同时也参与本科生的通识课程项目。欧洲的大学实际上是为单一学位而教学的（获得更高学位的做法通常是非正式的），如此一来，欧洲做不到的事情却在美国获得了成功。要知道，在美国，虽然研究生和本科生的训练是分化的，但提供研究生教育的机构同时也提供本科生教育。

这种体制在一定程度上也解决了选择和整合选修课的问题。研究生院可以指定课程标准，决定哪些选修课可以纳入课程序列。

但是它没有解决两个相互关联的问题，即课程体系作为一个整体应当怎样安排，以及这种通识课程体系的教育目标应该是什么。这两个问题没有单一和永久的解决方案。学生在生活中有不同问题和不同目标，相应地就需要不同的通识教育。同时，个人目标以及科学与学术的内涵在通识教育中的变化比在专业教育中更难把握。因此，（教育类文献中经常出现的）这些问题具有误导性。实际的问题是如何创建课程体系来满足所有本科生的需求（当然，也没有学院能负责任地招纳所有学生）以及如何确保持续地对课程体系进行修正和更新。这意味着需要探索教育策略和寻求可替代的教育内容，而不是选择一个既有的通识教育教条，然后根据它来决定内容。①

选课制度就形成了这样的策略。按照最初的设想，它提供广泛的选择，允许学生为满足职业的、职前的和通识的教育目的而调整学习内容。最终，职业教育目的从文理学院的课程体系中分离出来，因为与其他课程相比，要想取得成效，职业教育需要更多的实践以及不同类型的教师。但文理学院仍能迎合怀有不同求学目的的学生，例如，有学生把学院作为特定领域（像医学和数学）研究生学习的准备阶段，还有学生想在文理

① 这句话主要适用于高等教育系统。一个单独的机构，特别是小机构，可能有理由接受一个给定的教条。但是，考虑到现代学问的进步特征，即使是这样的机构也需要策略来频繁地审查其教条并加以可能的改变。

学院中了解不同专业活动，从中选择一个作为其后研究生阶段的学习方向，还有一种学生，文理学院的教育于他们而言既是最终的学历教育，也是提升智识成熟和心理成熟的一种手段。

第一种学生的教育没有表现出特殊的问题，大学下属的学院一直都有培养这种学生的方法和动力。它们唯一的问题是为这些学生制定合适的通识教育要求（breadth requirements），不过这个问题可以有很多种解决方案。

不过其他两种学生要求的就不只是好的课程了。他们需要有人指导如何整合课程，以及如何选择一个有意义的目标，而在特定领域有专长的教师缺乏履行这些任务的能力和动机。完成这一任务需要良师，同时要对课程进行有效的整合，两者皆不易。不过，所有学院都提供一系列的指导和咨询服务，这至少对第二种学生有效，他们接受本科教育是为了能作出智识和职业上的选择。

以成熟或"发现自我"为目的到学院学习的学生带来的问题是最棘手的。这两个目标都涉及智识和道德方面。即使这种教育不涉及明确的道德问题，并且学院也只需要为这些学生选择有意义的课程组合，这种选择本身仍然会涉及一种价值判断。而在为其他学生设置课业要求（program requirements）时，这种价值判断并不存在。因为其他学生要么知道自己为什么而学习，要么虽然还没有具体的智识和职业目标，但在学院里找到最适合自己能力和机会的东西后，他们仍然期望自己能达到一个具体的智识和职业目标。

美国的学院为了共同的目的采取了多种方式来处理这个

教育问题。它们中很多在不同时期进行了整合式课程体系（integrated curricula）的实验，这些课程体系反映出课程设计者的学术观和道德观。实验效果的差异，取决于师生的素质和他们对特定课程所依据的价值观的接受程度。因为这些变量，所有实验尝试（其中最著名的是“一战”期间的哥伦比亚大学、20 世纪 30 年代的芝加哥大学与 20 世纪 40 年代的哈佛大学所进行的课程改革）都没能坚持下来，也没有被普遍接受或者至少大范围地接受。

大学本科生院能成功地团结和培养多样且日益扩大的学生群体，得益于以下两个条件。一是多样化的学院迎合了不同需要，同时良好的考试、咨询和信息服务能帮助大多数学生找到他们最能从中受益的学院。二是非正式的学院文化的存在。这种文化包括致力于体育、辩论、戏剧、新闻等活动的兄弟会、社团和团队。这些群体中的成员身份常常会激发出对群体的忠诚与内部友谊、为了群体目标作出的巨大投入，以及群体间的激烈竞争。处身于这种学院文化中，在体育之类的群体活动中取得的成绩，以及在追求年轻人的普遍兴趣方面（如约会）获得的成果，比学术研究更重要。这种文化中固有的价值观与美国社会的信仰和目标是一致的。参与群体活动，是对商业看重的残酷竞争和团队忠诚的一个很好的准备。它也使年轻人有效了解自己与同辈所在的非亲属社会的普遍价值观——在一个人员与空间流动频繁的社会中，一个人的工作伙伴会不定时地更换，这种价值观的引导非常重要。与此同时，因为活动并不延伸到成年人的生活中，它的气氛可以说是带有教育意义的。它在某种程度上也受到成人的监管，校友对活动的赞助在年轻人和成人之间建立了纽带。在学院文化的这种受保护的自由中，年轻的男生、女生可以学习了解自我。活动富有趣味性和挑战性，同时一般在受控环境中进行，并被视为一种娱乐，因此学生可以尽情探索而不必担心那些活动会给未来的人生发展带来风险。所有的这一切仍然不足以为学生确定一个坚定的学习目标，但正如人们常说的那样，这些有助于他们“找到自我”。

本科生学院文化中还有一些元素代表着美国的本土价值观，即使它们还不成熟并且通常有很多腐败的部分。在好的学院里它们能帮助学生了解到，他们今后纷乱复杂的竞争生活也可以是民主、利他和慷慨的。

通过这种方式，学院经历为许多学生所期待的商业生活方式赋予了更广泛的道德意义。在学院的帮助下，学生们确立了自己的身份，他们也可以欣赏学院的智性目标和审美目标。他们对学院的忠诚，也许是由学院生活的非智性方面激发起来的，但可能会使他们欣赏甚至接受科学、学术和艺术。

但是这种学院文化没能和学术研究很好地统一在一起。学术成就在学院价值观的体系中得到的评价并不高，学术教师们也倾向于远离这种文化，并通常视其为对学院学术宗旨的歪曲。兄弟会和女生联谊会把势利和社会歧视带入学院，这些都与学术的普遍价值观相违背。最坏的部分是，学院和校友对竞争性体育运动尤其是足球的赞助，经常会导致学术腐败，例如将奖学金授予足球运动员和其他一些更糟的情况。

此外，这种学院文化发挥作用的效果依赖于学院与其环境之间的一致性。学院和校友之间的关系得到了精心的培育，校友对学院的责任感得到了培养，学生、校友和学院三者的价值观在磨合之后达成了一定程度的默契。结果就是，学院文化在学院中是一个有效的教育影响因素，它为那些出身于受过学院教育的家庭，特别是生活在学院所处地区的特殊学生阶层服务。然而即使在最成功的例子里，在非正式的教育和正式的学术性课程教育之间也存在着矛盾（Ben-David，1972，pp.78–81）。[①]

当今文理学院的问题

学院教育的状况在 20 世纪五六十年代发生了很大变化，其原因很可能是不断增强的教育等方面的流动性，以及职业声望从商业和政治向专门职业，尤其是向学术职业的显著转移。越来越多的学生把学院教育看作是对某种专门职业生涯的准备，或者是一个可以选择这种职业的过程，因此它消除了或者至少是减少了迎合那些只想获得一个本科学位的通识学位学生（“general” student）[②] 的需求的问题。到 1961 年时，有四分之三的高年级本科生打算进入研究生院，而且他们之中越来越多的人确实这样做了（Davis，1964，p.11）。

结果，那些无意于专业化学习或学术研究的学生很可能被迫进入某个研究生院。这让我们联想到欧洲国家和其他国家的

---

① 有关以学院文化为原型的美国青年文化的社会功能，可参看 Parsons（1949）。

② “general” student 是本–戴维在本书中提出的一个概念，指的是缺乏特定的职业目标、本科期间所学主要为通识性内容的学生。在本书中译为“通识学位学生”。——译者注

情形。与本科教育不同的是，研究生教育是为某些需求量有限的职业培养学生。但是，正如欧洲的先例那样，公共服务领域对于专业管理这一职业的需求可能因为政治压力而出现了虚假的增长。有迹象表明，同样的事情也可能正在美国发生，证据就是监管机构和公共服务机构的激增，这些机构与学生中流行的反商业态度以及他们普遍的职业态度和政治态度一致（Gallup，1975）。

尽管如此，文理课程项目（a liberal arts program）的吸引力仍然很大。它使学生能够找到自己的学术方向，而不会阻碍那些已经选好了某个教育目标的人；它甚至在初级学院中也继续盛行。而且，从原则上讲，在大约有一半 18 岁的年轻人接受学院教育的时代，对于一种通识性高等教育的需求比以往任何时候都大。问题是，大部分学生从高水平教育中获益的能力是有限的，这一点可能比以前更严重。同时，学院社团将这些学生吸纳进社交的领域并给予他们道德和审美上都很有意义的教育的能力却大大降低了。学院中几乎没有道德共识和道德权威，甚至对于良好的品位、合理的举止以及得体的仪表这样的事情也缺乏共识。

但是，美国的学院以前也有过这样的问题。只要它们继续在教育和管理上拥有一定的独立性，并有经济动力去寻求解决方案，它们就可以找到应对这些问题的途径。

欧洲对于通识教育的需求

当高等教育在美国得到长足发展时，其他大多数国家的高等教育系统也在急剧发展。欧洲国家现在的高等教育入学率在12% 到 22% 之间，而加拿大和日本的入学率甚至已经高出这个比例很多年了（Organization for Economic Co-operation and Development，1974b，pp.24，48）。美国则因其历来更高的入学率而在很大程度上可以看成高等教育大发展的典型。那些倡导高等教育扩张的人以美国为例来说明这种扩张是可能的，并且在经济上和政治上是值得的，而正是过分的保守和限制阻碍了欧洲高等教育系统的扩张。但是，尽管美国在入学率上的优势主要归功于学院，包括文理学院和准专业性的学院，但这一特点却没有被欧洲和其他地方效仿。只有在日本，大学前两年的通识教育是强制性的，而这一要求正是由美国的占领当局引入的。自 1968 年以来，法国进行了一项将大学前两年的学习作为正式通识教育项目（项目中有很多的选修课）的尝试。但是，这一方案没有产生稳定的教育效果，也没有生成一个独立的、被认可的学位。①

令人惊讶的是，尽管美国大学受到了如此多的关注，文理学院却鲜有人问津。这很可能是因为，美国学院有着越来越强的“预备性”（preparatory）特点。因此，最近欧洲高等教育的扩张仅仅是加强了将某些知识领域纳入“准通识”（quasi-general）教育课程中来这一旧有的趋势。这次被纳入进来的

---

① 法国有通识性学位，但没有什么声望。东京大学的通识教育项目设在主校区之外，它所形成的“教养学部”建制几乎成为一所独立的大学。在日本其他地方或其他国家（当然，要除去美国，一定程度上也要除去英国），都没有通识教育的学位。

是最新的社会科学，而在有些地方（主要是德国），也包括了民族语言文学。因为这些领域的研究常常缺乏合理的学术标准（社会科学发展得太快了，以至于没有足够的可以胜任的教师），同时也因为大学根深蒂固的政治化，此次扩张在欧洲就产生了更加直接的政治性结果。在“二战”之后到20世纪60年代中期之前的平静局势中，繁荣的经济毫不费力地吸纳了当时数目还相对较小的大学毕业生，战后关于自由民主的共识也很强大。而这段时期之后，政治就回归到了大学之中。一旦大学的扩张超过了经济发展的速度，战争中铸就的自由主义精神便烟消云散，学生激进分子在欧陆就再度出现。他们的兴趣集中在激进政治活动上，因而通常会拒斥严肃的学术研究（尽管偶尔会在操纵党派教条和传统方面投入相当大的努力）。

当然，20世纪60年代的学生政治反抗运动最早始于美国。[①] 这些运动由特殊事件（即反种族歧视运动和反越战运动）引发。当这些事件平息下去以后，大学和学院的政治化（politicization）就会大大缓和。这并不意味着这样的问题得到了永久解决，甚至是直到下一次席卷全社会的重大危机出现之前问题也没有得到解决。可以看到，学院提供道德指导的能力已经相当薄弱了。但至少，学院还有这样一种严肃的目标：向所有人提供一种有意义且有用的教育。

欧洲尤其是欧洲大陆的情况则有所不同。骚乱的爆发——

① 激进的学生政治在日本本土一直存在。但只有在20世纪60年代晚期，学生运动在日本才变得普遍起来。

就像美国的例子一样——是对失效的大学教育的不满情绪不断累积，以及激进学生持续煽动和挑衅的结果。而由此导致的大学政治化持续的时间比美国，甚至比英国长得多，其影响也更加广泛。其原因在第六章会有更加详细的讨论，但这里需要指出的是，政治化在欧洲大学长期发挥影响的原因之一可能与大学历来缺乏对学生的道德引导，以及缺乏对通识教育问题的关注有关。大学中激进政治运动的成员可能发挥类似于过去美国（以及英格兰）的学院文化的作用。这些团体提供了一种环境，那些寻找身份认同的年轻人能在其中找到可以追随的领导者，并能建立人际关系，还可以通过团体中的纪律来规训年轻人的冲动。这些对于那些没有明确的学术和职业目标的学生来说尤其重要。而欧洲大陆和日本的大学没有这样的领导机制或组织，甚至没有一种严肃的动机来弥补这一缺失。很多老师对于自己供职的机构没有忠诚感甚至没有责任感，因为公务员身份加上学术自由氛围给予了他们绝对的安全感和独立性。这些老师可以容忍大学的政治化，甚至可以容忍某些大学或大学内的某些领域中发生腐败现象（Domes & Frank，1975）。由于大学的治理基于老师个人间的自由协作，因而即使是少数教师对其机构不忠也可能阻止大学采取有效的措施来应对分裂和腐败。当然，政府偶尔也试图抵制这样的趋势，并取得了有限的成功。但是，重新建立合理的行为标准和学术责任标准本身并不足以解决这样一个问题：越来越多的学生几乎没有机会进入他们受过专业训练的职业领域，他们上大学是为了寻找一种有意义的身份和一种有助于他们定位职业的教育。

通识教育的维持

总之，这里所定义的通识高等教育，即对那些并不为某个具体职业而学习的学生所进行的教育，似乎是一种正在增长的教育需求。正是为了迎合这种需求，在美国才有了高等教育的增长和民主化；同时，其他国家如果效仿美国的例子（他们已经这样做了，并且今后很有可能还会这样做），他们就必须选择某种形式的学院教育。原则上，还可以选择苏维埃模式来发展准专业（semiprofessional）[①] 高等教育，但是这种模式在一个自由社会中是否可以很好地实行是值得商榷的。在大多数准专业领域中很难建构一种学术上有意义且有趣的课程，也几乎找不到可以胜任的教师。而且，由于在这种框架下培养出来的学生的适应性非常有限，所以只有在对具体工作有全面细致的人力规划和指导的经济中，这种框架才能发挥作用。

但是，正如我们已经看到的，没有一种现行的高等教育体系有可能使通识性高等教育项目组织化。即使它们愿意规划这样的项目——他们迄今一直基于哲学的理由反对这样的项目——他们也还是缺乏所需的内部组织。而他们在政府的督促或命令下发展此种项目的可能性非常小。当然，为高等教育出资的政府可以强制大学实施这样的项目，就如麦克阿瑟的占领当局在日本所做的那样。但是如果这样的项目要按照某种核心指示进行统一设计，则必然会失去作用。由于通识教育必须适

① 准专业：指在职业地位、教育标准等方面低于传统专门职业（如律师、医生）的职业，如电工、护士、社会工作者等。——译者注

应各种各样的学生，要想成功的话就需要提供不同的项目、持续的改变以及试验。我们在此考察的种种案例至少表明了这一点。在大学通识教育方面唯一持续且可行的努力——美国的通识教育——是一项有很强兼容性的多元的（pluralistic）事业。而标准化的通识教育课程体系即使在中等教育中也很难维持。

只有做到去集中化（decentralization），并且考虑不同学生群体的特殊需求，才能保证针对通识学位学生——相对于为某个特定职业（specific career）做准备的学生而言——的教育不被忽略掉。但是，这样却不能保证此种教育的质量。事实上，这样可能对教育的水准构成危险，因为教育者将会处于压力之下而不得不接受无知的公众对教育的看法，也不得不认可学生并不令人满意的学习表现。其实，美国的学院就经常处在这样的压力之下，而只有通过非正式的学院文化这种不尽如人意的机制才有可能调节这样的压力。

可以维持并偶尔提高美国高等教育水准的是教育机构之间的等级排名和对卓越研究的竞争。如常春藤院校那样的精英机构迎合了对高质量教育感兴趣的公众，也就成为其他院校的榜样和挑战。只要它们的声望基于一种可度量的、具有普遍价值的品质，就能依据教育水准建立起一种等级制度。原来被公认的等级制所认可的是一种有教养的生活方式和对开化的宗教虔诚的践行，但是随着这种等级制的衰落，衡量卓越的唯一具有普遍效用的标准就变成了研究。这就使得学院教育的重点转移到了为研究生院做准备上，并导致所有学院都放弃了道德教育。这样，为一个有效的通识教育系统寻求基础的问题就与大学的研究职能密切结合在一起。因此，我们下面就转而讨论这个问题。

第五章　研究和研究训练

正如前面几章所指出的，“研究是高等教育重要组成部分”这一理念，是 19 世纪德国大学的显著特点。这一理念从德国向其他国家传播，到了 19 世纪末实际上已为各国所接受。

研究型大学的反对者不乏其人，从牛津大学的纽曼大主教（Cardinal Newman）到芝加哥大学的哈钦斯（Hutchins）校长（Hutchins，1936，pp.116-117）皆在其列。然而，他们的反对不是基于对研究型大学目标和成就的批判性分析，而是基于对另一种完全不同的教育理念的偏好。

最近，对研究型大学持批评态度的人把注意力放在了更加本质的问题上，即一流的教学，尤其是本科生教学，与一流的研究之间存在潜在的不协调。他们从利益冲突的角度来考虑这个问题。研究是费时的，而且需要研究人员尽最大的努力。研究也需要频繁的旅行。所有这一切或许会——的确也可能——干扰教学，特别是当研究的回报高于教学的回报时更是如此。这一趋势的确难以改变，因为好教师的名声总是难以超出所在的社区，而成功研究的成果则享誉全球（Kerr，1963，pp.64-65）。

然而，问题并不仅仅在于：研究，而非让教学更加有趣和高效，实际上可能占据着教师用于教学的时间和精力。两种努力之间的关系实际上比我们设想的要复杂得多。大体而言，用于教学的知识没有再研究的必要，而仍需研究的知识不能用于教学。教学可能干扰研究，反之亦然。这不仅是因为它们相互挤占时间，而且因为它们——尽管它们关系密切——有着不同的目标，需要不同的方法、天资和技能。研究和教学远非天生一对，它们只有在特定条件下才能被组织到单一框架中。本章的目的，就是探讨这些条件，并且探讨在不同的国家中这些条件是怎样以及在多大程度上起作用的。

教学需要一个已建成的权威知识体系，还没有任何“先进的”教育方法改变了这一基本事实。传统的高等教育系统，例如儒家思想或经院哲学，是一个完整的知识体系，它们可以作为一个整体用于教学。之后在欧洲，人文学问（humanistic learning）作为更多样化的学术和文学传统的代表，破坏了但没有完全摧毁这一学问统一体。有学问的人仍然可以掌握所有“重要”的知识。虽然这种知识没有联合成为综合的哲学体系，但它有着统一的结构。掌握古典语言是掌握所有重要学问的关键，并且文化传统的不同部分都处于一个相对稳定的结构中。哲学和文学经典著作（后者也常常被部分当作哲学著作）是所有学问的核心。[①] 神学、法律、数学、医学和自然科学构成了

① 例如，参见吉利斯皮（Gillispie，1950）的描述：在牛津和剑桥大学，古典学与数学处于中心位置，其他领域直到 19 世纪才得到认可，以及塔顿（Taton，1964，pp.179–181）指出的 18 世纪巴黎的医学院中拉丁语和古代医学经典著作研究的重要性。19 世纪法国的情况可参见泽尔丁（Zeldin，1967，pp.64–66），德国的情况可参见保尔森（Paulsen，1921，pp.734–749）。

一个不断扩张的学问的边远部分。因为所有这些领域的主要知识来源都是用希腊语和拉丁语写成的（有的是用阿拉伯语和希伯来语），所以知识依赖于语言能力和正确的文献解释力。

在这些相对封闭的高深学问的传统中，教研结合没有任何困难。这是因为初级知识和高级知识之间没有本质的或确切的区别，只是一个是否掌握的问题。原创性研究包括对传统的新颖的诠释或系统化，可以作为组织教学内容的工作的一部分而开展。对于人文学科领域的学术性教师来说，他们想成为原创性研究人员的理想，并不是起源于 19 世纪。在整个中世纪，大学一直是哲学领域创造性学术活动的场所，并且很多大学在整个 17 世纪和 18 世纪都持续雇用有创造性的学者（Isay，1935，pp.13−23，90−103；Sloan，1971，pp.23−32）。这种教学，可以说是自然地将研究工作整合于其中。这种教学属于通识教育，因为知识的诠释和系统化总是基于通识性的哲学和文献学传统而作出的。如果高等教育不同功能之间存在紧张关系的话，那就是通识教育（哲学和文献学）及研究，与专业教育之间的紧张关系。但这只是潜在的紧张关系，因为大学将专业的实践性训练留给学徒制来完成，而自己则满足于对专业的基本文献学 – 哲学传统的教学。

与人文主义传统或早期的经院哲学传统相比，17 世纪末期自然科学领域中出现的实验性研究，则不适合与教学联系在一起。除了物理学和天文学的某些部分，自然科学中的知识是由经验现象观察和模糊的理论组成的，解释现象的方式多少带有临时性，模糊的理论也没有什么权威性（Hahn，1971， pp.31–34）。的确，17 世纪末和 18 世纪只有少数的杰出科学家是教师，而那些担任教师的科学家通常也不会将他们的教学与研究联系起来。他们在私人实验室里做研究，不让学生参与其中（McKie，1952）。[①] 因此，在 18 世纪的大学中，自然科学教学的落后，不仅仅是那一时期大学腐败的结果；作为教学科目，自然科学的地位低于人文学科，更类似于手工艺（arts and crafts）的地位。这便是 18 世纪的改革者想要建立专门化和科学化的专业训练机构的原因所在。

但当时人们感到，建立这种专门化的机构不能消除经院哲学的、人文的通识教育和科学技术的专业教育之间不断增大的鸿沟。因此，思想家们追求在当时科学和哲学文化基础之上的学问的新整合。随后在 18 世纪，特别是在德国，思想家的改革也包括研究本国文学和欧洲各国历史。这些改革的思想不是要把大学变为诸研究机构的混合体，而是基于这样的设想：古典学的传统可以被新的研究领域取代，这些新领域有着内在的一致性，可以通过书本和讲授来得到传承。没有人会设想这样的情形：把高等教育拆分成互不相关的学科研究，而这些学科研究又以高水平学生（advanced students）对具体问题的专门化研究为最高形式（König，1970，pp.154–160；Schnabel，1959，vol.1，pp.453–457）。

① 莱顿大学、哥廷根大学和苏格兰的大学在某种程度上是一种例外，因为它们试图发展自然科学。不过，即便在这些进步的大学中，自然科学相对于人文学科也是边缘性的。

法国整合研究和教学的第一次尝试

研究的内容及将内容统合在一起的方法，因系统而异。法国的主流思想是百科全书派的思想，即广泛研究人类、社会和自然，它主要基于对自然科学和社会（“道德”）科学的研究，并在一种实证主义哲学的框架内进行解释（Baker，1975，pp.47–55，285–303）。在德国，哲学的综合主要是基于文学和历史的学术传统，新产生的自然科学在综合体系中的作用微不足道（Schnabel，vol. 1，1959，pp.453–457）。

法国的这种尝试在拿破仑统治后期被终止了。很难确定这种失败应归因于政治气候，还是百科全书派不切实际的计划。但是，即使是这个以自然科学为核心的方案，也没有纳入将实验科学研究与教学实际地联系起来的明确计划。联系是间接的，且这种联系只在于使教育系统服从于不必从事教学工作的杰出科学家的引导（Crosland，1967，pp.223–231；Liard，1888，pp.266–275）。杰出的科学家常常被雇用为教师，不是因为教学与研究有任何重要的联系，而是因为他们需要获得生活的收入来源，以便有足够的时间从事私人研究。拿破仑对高级行政和政治官员的任命（例如在立法机构中任命一个职位）也有类似的目的。当然，这些职位是稀有的。

因此，将高等教育——以及一般意义上的教育——与科学相联系的第一次尝试，通过设法将科学传统中多少被认为是独立的那一部分知识提炼到教学内容中，并允许研究独立进行，最终避免了教育（本质上是传承传统）与研究（改造传统）相结合所带来的固有困难。实际上，法国教育中的科学，主要是数学及物理学的理论部分，实验科学的内容是非常有限的。这种做法一直持续到拿破仑收缩改革的时期。

德国研究和教学的统一

德国将研究和教学统一起来的思想，开始时与法国并没有什么不同。研究被看作是一项私人的和自由的工作（即 *Einsamkeit und Freiheit*［寂寞与自由］），而教学则自然是公共性的工作。在一定意义上，德国的高等教育系统试图通过大学这个正式组织，来保证科学家获得使私人研究得以进行的优厚收入。而这种收入在法国是通过非正式的方式获得的。如果说德国更期望使研究和教学相联系，那很大程度上是因为德国强调人文和哲学研究，而不是像法国在拿破仑之前的改革时期（pre-Napoleonic reforms）那样强调自然科学。因此，研究与教学的统一，可以被视为学者通过提出新的问题和以新的方式组织材料来阐述他们的观点，以阐释他们所在领域中具有权威性的传统，并介绍他们对这种传统的原创性贡献。这当然是能够以原创的方式解释传统学问体系的教师型学者（teacher-scholar）的古老理想。这种理想唯一需要调整的地方就是，知识不再被视为本质上由单一领域构成的。甚至这种说法也必须加以限制，因为主导普鲁士大学的唯心主义哲学流派仍然把自己的体系视为中心，所有知识都可以围绕这一中心合乎逻辑地组织起来。但这种观点被大多数经验科学的学者（主要指历史学、语言学和文学等文献科学的学者）否定了。当时的实验科学只是处在大学研究的边缘部分，除了法律和医学，大学研究的很大部分内容是历史学和语言学（Schnabel，vol. 3，1959，pp.3–128，198–238）。

就自然科学而言，德国最初改革的结果和法国是类似的。德国大学也倾向于忽视实验科学，有的大学甚至企图将哲学的、思辨的方法引入自然科学，即采取一种浪漫的自然哲学（*Naturphilosophie*）的方式进行自然科学研究。但是德国大学的教授可以不为教育当局批准的课程所限，他们可以将其专门研究的课题引入课程之中。

从技术的意义上发现和探索实验科学中新问题的研究，或像博物学的田野研究和处于萌芽时期的社会科学的实地调查，最初只是教师个人向有志于专业的学生提供有效的实践训练的副产品，后来却构成了教学和研究相统一思想的一部分。最初，人文学科的专题研讨课（seminar）——正如其词意所指——是对未来的高级中学教师进行培训的高强度课程，古典语言学的研讨课更是如此。自然科学的实验室教学开始是作为对药学专业学生提供实践训练的尝试。在这两个例子里，学生获得了技术训练，掌握了研究的工具和程序。学生并没有被期望成为研究人员，但他们未来担任教师或药剂师需要这些技能（Gustin，1975；Paulsen，1921，pp.258–259）。

教师和学生共同参与的实验室研究，现在是高等教育的顶峰，但它有一个不起眼的开端——源于 19 世纪 20 年代药剂师的职业课程（trade courses for pharmacists）。这些课程被认为不太适合大学，因此最初是作为教师的私事进行的。这就是位于吉森大学的尤斯图斯·李比希（Justus Liebig）实验室在创办时的状况，这个实验室后来成为所有大学化学实验室的典范。实验室课程在大学改革前已经存在，但由于诸多条件的叠加，其功能在大学改革后发生了变化。第一个条件是教师学术市场的产生。这个市场迫使管理着大学的德国各州教育部为学术声誉而相互竞争。这种声誉主要是通过在教职员工中拥有著名的科学家来获得的。因此，大学应科学家的要求发展自然科学，支持实验室研究（Zloczower，1966）。第二个条件是这一时期学术有了不寻常的发展。化学、物理和生理学在18世纪末和19世纪初有了极大进展。这些学科突然之间成为重要知识的有序体系，学科范围被充分限定，从而可以被单个教师用于教学。同时，在科学精神的驱动下，对历史和文学材料的文献学研究也具有更强的解释力和系统性。这类研究的目的，已经不仅仅是正确地解释文本，而且是解释语言和文学形式的内在逻辑或规则，解释历史中的因果关系。在此之前，诸如“化学家”之类的手艺人和教授拉丁语、希腊语的教师的非哲学传统，在逻辑上与哲学（用今天的说法，科学）思想的更高层次联系在一起。所有这些都使教学受益匪浅。人们有可能以一种既有趣味又具有理论连贯性的方式，呈现学科内容，而理论仍然可以直接涉及药剂师、教师或（从事生理学的）医生的技艺。

这样一来，就有可能从理论和技艺操作上对药剂师、医生和中学（*Gymnasium* 或 *lysée*）教师进行教学和训练，同时鼓励更有才能的学生做研究并最终从事学术事业。没有必要向从事研究的学生提供进一步的指导。新的系统化的学科包括了所有需要了解的理论；对专业从业者（医生、药剂师）有用的技能，对研究人员也足够了。理论和研究的整合，实际上意味着药剂师、医生或高中老师可以与未来的研究人员一起接受教育，以使他们共同受益。

这使得研究与教学的整合发生了变化，一方面改变了研究和通识教育的关系，另一方面改变了对专业人员的训练。研究不再私下进行，而是在教师和学生的共同体中进行。教师以一种推进自己研究的方式指导和组织学生的研究工作，向学生提供实际的学徒制训练，以使他们为从事专门职业和研究工作做准备。

这种新的教学实践模式的哲学依据，在人文学科和自然科学中是不同的。人文学科教师对于当时的教学目标（包括训练中学教师）持否定的态度，因为人们相信这会损害大学的纯研究指向。而化学乃至整个自然科学的教师们倾向于采取功利主义的哲学观，强调研究对工业和其他应用的实际用处（Gustin，1975；Paulsen，1921，pp.258–259，274–275）。但是，在明显对立的哲学的背后，做法又是相同的。教师根据最新的研究成果，以其所在领域中的先进水平实施教学，教授技术并将其作为研究的工具。他们不教怎样应用相关的技术，例如如何以较低的价格批量生产更好的鞋磨光粉；他们也不传授如何更有效地对高中生进行希腊语和拉丁语的教学，或者在较少的时间内教更多的学生。但是，由于人们必须掌握研究技能以顺利完成这些实际事务，大学人文领域的研究训练便有助于培养那些想从事中学教师等职业的人们，就像化学和生理学领域的研究训练有助于培养工业界的化学家或医生一样。唯一的区别就在于，人文学科否认任何实践性的教学目的，而自然科学强调研究对实践目的的有用性——当然，这并不是相互排斥的。

在这两种情况下，研究向着专业训练而不是通识教育靠拢。研究与专业训练相整合，而明显地区别于通识教育。如果说研究和通识教育的理想仍然存在联系的话，这种联系仅仅是哲学意义的，即只有通过原创性研究（original research），而无论这种研究是在什么领域，人们才能获得高等教育的“经历”。

在研究和教学统一的过程中出现的困难

显然，这一时期教学和研究的有效融合是难以持续的。即使从一开始，就有一些专业研究领域无法达成专业训练与研究的统一。例如，在工程学领域，不同于药学领域，没有办法教授与给定的理论密切联系的实践问题。在法律和医学领域，研究和专业训练的关系很大程度上也是虚假的，需要分别地一方面进行临床医学与法律实践方面的教学与训练，另一方面进行这些领域里的所谓学科基本理论的研究。的确，法国的工程学院和医学院，直到 1840 年一直被认为是世界上最先进的，而它们并没有追求研究与教学的整合。

但是，即使是在开始时整合良好的学科领域，由于两个因素的作用，不久后这种整合也瓦解了。正如人们所看到的，虽然大学没有把研究人员看成需要特殊训练和职业经历的专业人员，而是看成那些为从事（高中）教学和其他高深学问职业而学习的人中产生的精英，但是，高等教育的发展仍然将学术性的教师-研究者转变为专业人员。要成为一名学术性的教师，必须从事原创性的研究工作，研究的方向由其作出新发现的机会来决定。这些机会不久就导致了新的专业（specialities）的增加。而这些新专业可以不与任何实践性的职业或者任何高中教学学科的需求相联系。例如，起源于经典著作研究的语文学研究，被扩展到欧洲语言、历史和文学研究，但只有其中的一部分属于高中教学的学科。学术的持续发展需要比较研究、抽象的语言学研究和社会学研究，但这一切都与高中教学或任何“实践性”职业无关。在这些领域，人们唯一能够学习的专门性职业就是研究。自然科学领域情况也类似。

当然，在这些领域里，整合教学和研究在理论上是没有困难的。但是，把这些研究领域变成大学的学科（disciplines），意味着大学的目的发生了变化，并使得整合的思想变得画蛇添足。这些领域只是由有研究兴趣的人来研究，当这些领域作为辅助课程，向准备从事非研究性职业工作（如从医）的学生教授，并以一种反思性的态度和最新的研究成果结合起来时，的确会产生问题，而且是相当严重的问题。

但是，教研一体化的原初思想瓦解的最重要的原因，正如我们在本章开头所指出的，是适合教学的学科和研究之间的不一致性。研究发生在从理论上组织起来的、可供教学的知识体系内，所以理论可以指导研究，研究又反过来修正理论或填补理论的空白。这是一种很难在现实中发生的理想状态。在大学建立自然科学诸学科后不久，出现了不适合任何学科框架的研究类型。其中的一些研究，如细菌学，在实践方面获得了成功，也存在着明显的理论内涵。不过，由于这些理论内涵的性质很不清楚，这些领域没有某个被认可的教学学科所需要的那种结构。例如，对发酵的关键过程的化学解释对很多科学家都构成了挑战。从事这种问题的研究，便超出了化学和生物学的系统化的学术传统的界限（Kohler，1971；Zloczower，1966）。

因此将研究的场所转移到大学，以及将研究与教学相联系，不能排除某种研究不适合于教学。因为这种研究只不过是有组织地在黑暗中摸索，或者是在学科边界的无人区探索新的知识结构。这种研究所需要的知识通常包括几个学科传统，或者更确切地说是这些传统的一部分，但这些传统在理论上并不是统一的。因此，这些知识领域不适合教学，人们只能通过在研究中采取学徒制来加以学习。

在其他情况下，特别是在物理学领域，新的研究方向太过于专门化，以至于无法向这些方向之外的研究人员传授。[①] 大学中物理学的实验室教学落后于化学和生理学的实验室教学，直到 19 世纪 60 年代才开始出现。到 19 世纪末，物理学成为学术界最令人感兴趣的实验科学分支。但是不同于化学和生理

① 可参考 Klein（1904，尤其是 pp.251–253）。从 1870 年开始，物理学研究飞速发展，这是由电气、通信、电报等工业领域的利益所激发的。同时可参考 Kundt（1893）对物理学的论述。两位学者都强调了物理学领域的专门化趋势。

学，高级物理学研究除了对培养从事研究的物理学家有用外，对其他任何职业几乎都没有什么用。甚至上面这种表述也需修正，因为很快地物理学的专门化变得非常具有技术性，以至于人们不能再笼统地谈论从事研究的物理学家，而只能谈论学科中从事某个分支研究的物理学家。更不妙的是，实验物理研究非常昂贵，需要半工业化的设施设备，这对于大学来说是难以提供的。这便到了用大科学（*Grosswissenschaft*）来描述物理学状态的时候了（Busch，1959，pp.73−75，81−82）。

因此，在 19 世纪中叶一直是“德国科学主要力量源泉”的教研结合原则，到了世纪之交成了德国科学系统中的一个问题。结果，教学从制度上与研究相分离，首先是在大学内将研究集中于“研究所”（institutes），这种研究所事实上是与大学相分离的教授个人的研究机构；之后，在 1911 年，德国建立了威廉皇帝科学促进学会（*Kaiser Wilhelm Gesellschaft*），发展出了完全不承担任何教学功能的纯研究机构。但是这些都是特例而已。大学的领导地位，以及教学和研究相统一的原则，被维持下来。人们也努力避免新的研究机构与大学间形成竞争。因此，不断专门化的研究与专门化程度低得多的专业人员训练相结合，其间所涉及的问题还没有解决办法。

德国模式向英国的移植和转移

相似的情况也出现在英国，但问题没有在德国那么尖锐。自从 18 世纪以来，英格兰就一直效法其他国家的研究组织的变革，而不是自己创造这种变革。而且，英格兰的研究主要由私人资助。因此，它可以在没有受到主要来自官方机构之惰性的阻碍的情况下，发展那些有前途的研究领域。直到 19 世纪中叶，英格兰的大学才开始科学研究，以及几乎才开始科学教学（尽管苏格兰的大学更早）。那时他们开始模仿德国模式，接受了“学术性教师必须积极开展研究”的原则。

但是，大学是有各种各样经费来源的私立机构（1938 年至 1939 年，只有 35.8% 的大学预算来自中央政府）（Halsey & Trow，1971，p.63）。结果，“大学教学必须与研究相结合”的原则并没有作为标准模式而被所有大学或同一大学内所有系所效仿。理所当然地，牛津和剑桥具有最高的标准，紧随其后的是伦敦学院群（即所谓的伦敦大学）的不同部分，然后是其他的大学。苏格兰的大学保持着分离的传统，拥有自己的标准。

所有的大学都认为，自己的首要任务是为了学生将来的职业生涯而对其进行有效的训练。在地方性大学（provincial universities），这意味着针对新、旧高深学问职业的训练。牛津和剑桥在这方面空间要大一些，因为它们的学生自视为知识精英，可以在政治、行政或学术性教学领域选择职业。由于他们的前途得到了保障，他们可以按照自己的心智倾向自由选择研究领域，通过掌握具有挑战性的知识，来探索自己的智力极限和风格。

牛津和剑桥的学生相对较少，但素质很高，师生比要比德国高得多，所以学生得到了很大的个人关注和自由（Flexner，1930，pp.274-287）。这使得学生有可能花费较少的时间即可掌握学科规定的内容，教师甚至可以在学生的第一级学位[①]阶段就介绍专门的研究成果。但是必须强调的是，这种做法只有在这两所精英大学中以及其他大学的少量一流系所中才能取得满意的效果。英国高等教育系统中的其他大学和系所则更强调单纯的教学和专业训练，而不是研究，也几乎没有什么学生被培养成专业研究人员（Truscot，1943）。而且，即使在那些精英高校中，导师和讲师从事着大量的单纯教学工作，他们中的很多人在研究领域并不活跃。

在研究和教学相结合方面，英国大学系统不同于德国大学系统的另一个特点是系所结构。英国大学的系所结构虽然是起源于牛津和剑桥的老师对德国式专业权威（一种近代科学以前的保守传统倾向）的反感（Halsey and Trow，1971，pp.147–148），但这种系所结构也比德国的教授讲席体系（German Chair System）更适合于19世纪晚期科学研究的后学科阶段（postdisciplinary stage）。由于在这个阶段，没有一个人能够掌握整个领域的知识，而且由于研究与核心学科传统之间往往只有松散的联系，因此，较之于一个人主导整个教学，被迫创造一个实际上并不存在的统一假象的德国教授讲席，英国大学教师群体里的每个人在领域的不同部分工作，更能代表学科发展的实际情况。

虽然英国的体系采用了德国的教研结合原则，并取得了一定的成功，但在某种程度上，英国的体系从未像德国的体系

---

① 即本科学位。——译者注

那样致力于将大学作为高级基础研究的主要场所。人们想当然地认为，有些研究领域，包括一些基础研究，与大学的教育功能是不协调的。人们认为，这种研究某种程度上对社会重点关注领域里的知识作出了贡献，因此应该得到政府的支持。为此，在医学、农业以及随后在其他几个领域成立了所谓的研究委员会，这些委员会建立了自己的机构，同时也分配资金在大学开展研究。最后，还成立了若干研究委员会来资助大学的非应用研究（Science Research Council，1965；Social Science Research Council，1965），但这是在美国的影响下成立的（Albu，1975）。总之，英国顶尖大学相对顺利地将研究和教学结合起来，实为灵活地采纳这种原则的结果。高等教育体系的很多部分以教学和专业训练为主，研究的比重很小，很多研究是在大学之外进行的。两者的结合总是服从于训练学生。因此，除了在某些自然科学领域需要对专业人员进行研究方法的训练外，研究与教学相结合的制度主要在一流的大学中获得了成功。在这些大学，很多有才能的学生打算把研究作为一种专门性职业，其他学生中也有相当大一部分获得了充分的学术储备，并且有动力去获得一些研究能力。

德国模式对法国的影响

受到德国模式影响最晚和最少的西欧国家是法国。这个国家有着政府支持少数优秀的研究人员的长期传统，它的高等教育改革不涉及教研结合。只是当德国的进展使非正式的科学训练和私人对研究的资助变得明显过时的时候，法国才试图在高等教育系统内开展研究工作。然而，这并不能导致法国采纳教研结合的原则。针对不同学位和考试的教学仍然没有发生变化，许多研究不突出的人在大学中得到了任命。但是由于认识到研究本身已经成为一门专门性职业，法国在1868年成立了一个新的机构，即巴黎高等研究实践学院，这个机构起初不是一个单独的学院（school），而是一个组织，用以支持和发展不同学院（schools）和学部（faculties）的某些单元，使他们能为有志于研究的学生提供研究方面的训练。除此之外，尽管越来越倾向于任命在研究方面有成就的人担任教授，并鼓励大学进行研究，但将教学与研究训练联系起来的尝试并不常见。但是，资助法国大部分基础研究的机构——国家科学研究中心（*Centre national de Ia recherche scientifique*，成立于1939年），仍然是一个独立的机构，它拥有自己的设施，且不从事教学工作。这种选择性地支持高等教育某些领域的研究一直是法国体系的特色。

因此，尽管法国和英格兰的高等教育结构根本不同，但它们都以相似的方式将研究整合进高等教育系统。在这两个国家，研究只是存在于系统的某一部分；至于存在于什么部分，两国并不相同。两国的相似点还表现在，它们都不认为所有的纯研究必须在高等教育机构中进行。法国和英国一样，非大学的研究机构在研究中发挥着重要作用。然而，在英国，研究原则上要与教学相结合；而在法国，研究与教学相统一的原则直到1968年才被采纳，并且还不清楚这种采纳在多大程度上是认真的。英国最一贯地坚持这一原则的，是顶尖的大学，正是它们为整个高等教育系统建立了一种标准。在法国，资助研究以及组织研究的任务总是被委托给独立的组织（巴黎高等研究实践学院；国家科学研究中心）。结果，高等教育政策和研究政策处于制度上分离的状态（Organisation for Economic Co-operation and Development，1966，p.41）。因此，研究一旦被引入英国的大学之中，就作为一种高等教育系统内在机制的成果而得到传播；而在法国，研究需要由新的机构和中央发起的改革给予定期强化。

研究与教学的统一：在世纪之交的理想与现实

审视三个主要欧洲国家在 19 世纪末的状况，我们会惊讶于大学理想与现实之间的落差。这是教研统一的理想在学术界被广泛接受的时代（它在法国也受到了普遍的欢迎，虽然高等教育系统的惯性阻碍了官方对这一原则的采纳）。但是很明显，这个理想的实施面临严重的问题。研究不断被专门化，其中很大部分与专业实践（professional practice）无关。在物理学这个当时最令人感兴趣和最迅速发展的实验科学的分支学科中，情况尤其如此。训练研究人员和从事高级研究，不再可能成为专业训练的副产品；训练专业人员，也不再可能成为教学和基础研究的副产品（而基础研究正是德国学术体系所需要的）。必须就基础研究的资助规模和作为一项独特活动的基础研究训练（training for basic research）作出直接的决策，不过这是困难的，因为对基础研究没有明显的具体需求。

美国的整合新模式

如果这个问题得不到解决，那么至少会暂时地转换为另一个问题，即美国研究生院如何成为一个训练学生从事高级专业工作（包括作为专门性职业的研究工作）的独立层次（separate level）。正如已经指出的那样，改革的发起者认为，这一改革是模仿了德国模式，接受了德国关于研究与教学关系的思想。但是，只有研究生学习的内容追随了德国的模式，尽管有很大程度的改进。研究生教育与本科生教育的分离，暗示了研究与前者的结合，而非与后者的结合，这种分离事实上是进一步采用了英国和法国传统中所隐含的逻辑。根据这种逻辑，只有某些——并不是所有的——高等教学不得不与研究相结合。然而，与英国和法国相比，在美国高等教育中，哪些高等教育应当与研究相结合是更加清楚的。它并不是用来教育国家精英的机构[①]，也不是那些自我挑选的致力于研究工作的教师及其弟子的孤立单元，而是大学的一个特殊组成部分[②]。它们招收的是具有正规学历的大学毕业生，他们将学习如何进入专门职业性的研究生涯（professional research career），比如学术性的教学，或者其他类型的专业工作——在这些专业工作中，研究是必不可少的和非常有用的部分。在这里，研究被认为是为个体提供训练的常规的专业工作，而不是个体通过其魅

① 教育国家精英的机构，指英国系统中用来培养精英的牛津、剑桥和其他少数精英大学。——译者注

② 大学的一个特殊组成部分，这里指的是美国的研究生院。——译者注

力被某种方式“选中”的精英活动。

这一措施消除了“后学科”（postdisciplinary）研究阶段发展中的主要障碍。学习一个专业（specialty）只能走向研究，而不能走向大部分本科毕业生希望从事的职业。这一事实不再是把研究排除在常规课程体系之外的原因，因为研究是研究生院培养学生的主业。在那些跨好几个学科的领域中进行训练更成问题，因为设计课程体系很难。但这是一个技术问题，而不是一个哲学问题或结构问题。

一个专业是否被大学接受并不主要取决于它是否具有连贯的学术传统。如果专业研究者或专业实践者对这一领域有需求，那么这个专业就会被接受。细菌学、物理化学、教育、商业管理和临床医学的教学和研究在美国大学的发展要比在欧洲快得多。[①] 在所有这些案例中，学习和研究整合的核心是，通过学科知识和技术技能的不同组合，来解决或者处理某一个问题。在某种程度上，如果这个问题的定义是清晰的，而要接受训练的人实际上正在一个高级研究项目中，或者在临床工作或其他实际工作中研究这个问题，那么这个人可以为自己整合其他不同的研究。

研究中的这种新的高级训练类型推动了组织的剧烈变化。既然每个研究生系（graduate department）实际上都是一个专业学院（professional school），其组织就模仿了这样的学院。被聘用的教授不是代表某个学科的核心，而是尽可能地代表与

① 参看 Flexner（1925，pp.223–226；1932，pp.100–102，162–172）中对美国的这些趋势所提出的高度批判性的观点。

该领域研究相关的整个专业范围。大学中的系所对复杂仪器和设施的态度也发生了变化。人们担心这种设施会引入与大学的自由精神格格不入的官僚主义因素。但这种担心显得多余，因为系所需要为学生提供学徒式训练。人们认为，这些设施对于文理研究生院来说是必要的，就像教学医院对于医学院很必要一样（Ben-David, 1972, pp. 95−101）。

由于有这些发展，大学——至少在美国——能够继续在高级研究中，包括在那些需要组织和大型设备的研究中发挥关键性作用。不仅如此，大学的作用使得它有可能避免一个棘手的问题：如何支持以及在什么样的基础上支持这样的纯研究——在欧洲，这个问题已迫在眉睫。至于应该在研究上花多少钱，或者如何在不同种类的研究之间分配资金，所依据的不是某些内在准则，而是某种市场机制。当然，在“二战”之前，联邦政府并不为大学提供财政资助，因此大学可以自己做决定，并为了争取研究人员和主要来自私人基金会的经费而相互竞争。但是，还有其他的市场机制。学生会基于自己对专业服务（包括研究）的需求，决定在哪个领域接受高等教育（Blank & Stigler，1957；Freeman，1971）。当然，外部对研究人员的需求是少于对医生和工程师的需求的。文理研究生的主要雇用领域是学术系统本身，由此在某种程度上，训练学生的决定也是雇用他们的决定，反之亦然。

但是也不尽然。学术系统由几个层次的机构组成，其中只有一小部分致力于研究及为研究而进行的训练。直到1948—1949年，20个机构授予了美国近70%的博士学位（见表

1)。[①] 这样，博士的市场需求主要是在教学机构。而且，所有的精英系所都在与训练博士候选人同样的框架内培养那些要获得硕士学位的学生。因此，总的来说，研究训练（training for research）仍然只是更广泛地训练高级专业工作人员的一部分。研究生院并不会为了知识本身的缘故而追求纯粹的知识，也不会诱导年轻人不考虑环境地进行这种追求。当然，追求纯粹的知识是很多老师和学生信奉并实践的理想。但是他们——或者大学管理者，如果不是这些老师和学生的话——已经完全意识到，在一个民主社会中，从长期来看，这一理想的实现取决于这一理想被分享的程度，以及取决于这样的证据：即使人们不分享这一理想，他们最终也能从研究所产生的这些知识中获益。

表 1　1948—1949 年到 1970—1971 年美国前 5 所、10 所、15 所、20 所博士授予机构授予的所有博士学位数累计比例

机构数量	1948—1949	1957—1958	1967—1968	1970—1971
5	.295	.223	.136	.125
10	.455	.366	.242	.222
15	.588	.472	.334	.303
20	.685	.553	.407	.370
	N=5293	N=8942	N=23091	N=32113
机构总数	1259	1365	1567	1644

资料来源：U.S. Office of Education（1949，1959，1969，1973）。

① 博士学位数量集中在少数机构的程度在英国也有所下降，但是鉴于机构总数的增长，这种下降并不如预期的那么大（见表 2）。

表 2 1934—1935 年到 1971—1972 年英国前 3 所、6 所、8 所、9 所博士授予机构授予的所有博士学位数累计比例

机构数量	1934—1935	1949—1950	1959—1960	1971—1972
3	.517	.581	.474	.265
6	.712	.740	.642	.427
9	.816	.846	.772	.529
	N=673	N=1428	N=2004	
机构总数	28	30	32	53

资料来源：Commonwealth Universities Yearbook (various titles; 1936, 1952, 1962, 1973, 1974)。

与更多的公众分享这个理想的最切实的方式就是借助于学院教育（college education）。正如已经指出的那样，学院教育的改革和扩张（以及研究在化学工业和电子工业中的兴起）是美国研究生院在 20 世纪 40 年代之前取得成功的条件，就像文理中学教育（*Gymnasium* education）的改革和发展（以及制药工业和化学工业的改革和发展）是 1825 年到 1875 年间研究在德国大学中兴起的条件一样。但是，由学院提供的教育范围要比德国文理中学提供的更加广泛，并且总的来说也更加灵活。学院的选修原则允许在广泛的、不断变化的领域和专业中雇用教师。更为成熟的学生，加之学院所享有的学术自由，可以防止学校当局把规定的学科内容强加在学院教学中，就像德国文理中学里发生的那样。

另一个可能有助于美国研究训练专业化的条件就是：对训练有素的研究人员的市场需求规模在急剧扩大；对相对深奥的专业的需求也出现了，且相对稳定。

最后，那些在支持研究时不考虑潜在需求或实际应用，仅仅是追求知识进步的基金会，仍然不需要对相关领域的科学价值或诸如该领域的发展价值之类的问题作出影响深远的决定。直到 20 世纪 30 年代，基金会所支持的，通常都是与其他国家的最佳研究相比，美国仍然落后的研究领域。因此，哪些领域需要得到支持，以及它们达到令人满意的研究水平需要什么样的资源，都是众所周知的。[①]

因此，从本质上讲，美国的研究生院是在专业研究人员市场的框架内运作的。它们主要是训练研究人员的机构，而不是从事纯科学或应用科学的研究机构。在“二战”之前，用于与教学无关的研究的资金只占大学预算的一小部分。大学很少有机会在不需要培养研究生的领域发展研究机构，而且它们通常也不寻求这样的机会。

对于学术人员个人来说，这样的框架允诺了更大的自由。他们实际上能够致力于任何类型的研究，包括在新专业中的研究或交叉学科问题中的研究，并且他们能够完全基于学术兴趣来选择问题。如果这样的工作被认为是重要的，且有其他研究人员追随，那么研究生就可能有兴趣在这样的领域接受训练。因此，大学通常会支持教师们的纯研究事业，即使它们认为教学和专业训练是自己的主要功能。但是对于大学而言，教师个体是否认同大学本身的制度偏好并不重要。大学可以雇用那些主要从事研究而对教学并不感兴趣的教授，因为这样的教授仍然能够吸引和训练研究生。这种类型的教授会认为，除了名

① 例如，参考 Coben（1971）。

称，大学在各方面都是一个研究机构——尽管事实并非如此。

因此，教学与研究的统一性在这一体系中发生了巨大的转变。与英国的情形一样，在美国，只有精英大学才实践这一理念。但是，美国的体系中存在着其他国家里都不存在的差异。研究和为了研究而进行的高级训练主要限于那些拥有博士点的研究生系所。教学只是部分地与专业实践方面的训练相结合，而不是与研究方面的训练相结合（例如，在既授予硕士学位，又设置博士点的系所中）。否则，这种结合就是间接的，因为专业学院（包括那些最高只能授予硕士学位的文理学院和教育学院）中的教师往往拥有博士学位，他们带领学生做一些研究，但不以研究为主业。

美国和欧洲间另一个可能更重要的差异是研究与通识教育之间的关系。既然通识教育在欧洲几乎不存在，它就不可能与研究相结合。但是在美国，这两个功能是结合在一起的，至少一定程度上是如此。最好学院的教授是博士，最好大学的教授也教本科生。这就产生了一个巨大的激励，把由研究产生的不断增长的部分新知识变成学院中的本科课程。这是一种经济的需要，因为——正如前面所指出的——一直到“二战”之前学院教学还是博士学位的主要市场，大部分大学的经济健康状况依赖于招生人数。努力去教授研究成果的重要性就在于，对纯研究的需求因此具有了某些具体的操作性含义。博雅教育是与专业训练相分离的一种文化消费项目。既然社会上存在着对这种教育的广泛需求，既然这种教育是与这里提到的纯研究相结合的，那么人们就可能认为社会对纯研究的需求是可测的。

“二战”以来大学研究的变化

在“二战”期间，科学研究的用途发生了急剧的变化。此时研究生院强大的研究能力被用到了几个研发项目之中——包括历史上最大规模的项目，即原子弹的开发（Bush，1946；Baxter，1946/1968）。研究费用也急剧增长，高等教育的预算也同样如此（见表 3）。

研究机构的规模也发展到了前所未有的程度，比如伯克利的劳伦斯辐射实验室（Lawrence Radiation Laboratory）、芝加哥大学阿贡国家实验室（Argonne National Laboratory）在大学中建立了起来，并由大学管理，尽管它们从来没有被大学真正吸纳。所有这些事件都改变了学术界的氛围和视野，更重要的是，改变了大学管理者的视野。与教学无关的研究成为大学的一项公认的职能，甚至，它似乎最后成了大学的一个主要职能（Kerr，1963，pp.42–43）。

表 3　在 1920—1970 年之间，与 GNP（国民生产总值）相比，美国在高等教育和研发上的投入（以十亿为单位）

年度	GNP	在高等教育上的投入		在研发上的投入	
		美元	所占 GNP 的比例	美元	所占 GNP 的比例
1920	88.9	0.216	.24		
1930	90.4	0.632	.70		
1940	99.7	0.759	.76	0.340	.34
1950	284.8	2.662	.94	2.800	.98
1955	398.0			6.279	1.58
1960	503.7	6.617	1.31	13.730	2.73
1965	684.9	15.200	2.22	20.439	2.98
1970	974.1	24.900	2.56	26.000	2.66

资料来源：U.S. Bureau of the Census (1957, p. 122; 1967, p. 109; 1972, pp.106, 312–313, 521); Organisation for Economic Co-operation and Development (1968, p. 30)。

大学承担这一新职能几乎是不可避免的。到战争结束时，已经形成了一个能力卓越的专业研究人员共同体，他们有着很高的士气和杰出的领导才能。如果把研究的预算削减到战前的水平，就会对这部分人的研究能力造成浪费，这是大学不负责任的表现。大学要求联邦政府为这些扩展的研究活动承担财政责任，因为政府让大学承担了大规模的研究工作，并且这些研究属于公共产品。[①]

但是很明显，政府资助给大学带来了一个问题。战争时期联邦政府进行了具有特殊使命的安排，但战后无论是大学还是政府都不想维持那些安排，因为没有哪一方对直接控制研究感兴趣，且战争期间的使命已经不存在了。

正如那些设计了新的研究资助机制的人所看到的那样，问题在于联邦的研究资助必须维持在一个很高的水平上，同时将进行研究、为研究活动安排充足设备的任务归还给大学（实际上是归还给一流大学的研究生院）。通过这种方式，他们希望保持自由度和灵活性，而不用放弃来自政府的直接、稳定的资

① Bush（1945）是论述战后联邦政府与科研关系的主要文本。

助。[①]最终产生的是一个复杂的系统，既包括政府研究机构、为项目提供资金的代理机构，也包括不同类型的合同研究[②]。但是基础研究的主要承担者依旧是大学。[③]

这一系统的主要特征只是到了20世纪50年代晚期才出现。直到那时，由于资助金额的增长相对缓慢，也由于继承了来自20世纪30年代的观念，人们开始在大学专业训练功能的框架内努力使研究合法化。人们通过相当多的努力来证明研究的实际作用及其在专业人员训练中的重要性。

也许正是这种情况导致了20世纪40年代末和50年代初专业主义的兴起。享受公共资助的服务行业，如医药，农业，经济、社会规划与政策，以及个人咨询服务（精神病学、临床心

① 1963—1964年度全美研发经费中，63.8%来自政府资金，但其中只有18.1%的研发经费分配给了政府机构的研发工作。大学获得了全美研发经费的13%，其中大约一半来自政府（Organisation for Economic Co-operation and Development，1967a，pp.60，64）。到1973年，53%的研发经费来自政府，政府研发机构和大学分别获得了其中的15.5%和9.4%（National Science Foundation，1976，pp.173，174）。

② 合同研究（contract research）：一种研究服务形式，由一方组织或个人根据另一方的需求和合同约定进行的研究工作。——译者注

③ 1963—1964年度，基础研究中一半的经费分配给了大学。剩余的基础研究经费分配给了工业界（25%）、政府（16%）和私人非营利性研究机构（9%）（Organisation for Economic Co-operation and Development，1967a，p.59）。到1973年，基础研究的经费中，大学获得的比例增加到了62%，工业界、政府、私人非营利性研究机构获得的比例分别下降到16%、15%和7%。1963年，花费在政府资助、大学管理的研发中心所开展的基础研究上的预算提高到大学基础研究预算的20%；1973年，这一比例为14%（National Science Foundation，1976，p.186）。

理学、社会工作等)，似乎是研究型企业 (research enterprise) [①] 中最有前途的领域。这些受公众关注的领域享有“公众资助研究”的传统，因为这些企业的研究最终可以与实践型专业人员的培训联系起来——这无疑是一个很好的前景。

国家科学基金会同样资助非应用领域的基础研究。但是，人们理所当然地认为，这种类型的资助是很有限的，国家的大部分研究支出都将用于与实际应用有关的目的。

在苏联第一颗人造地球卫星进入太空后，形势就改变了。这是军事意义上的科技成就，表明在这方面苏联已经超过了美国。这一事件重新激发了美国赶超其他国家的动力。但是这种“赶超”的方式和发生的背景已经完全不同于战前的情况了。在 20 世纪二三十年代，赶超其他国家 (主要是德国) 意味着引入新的研究领域或亚领域。这可以由大学完成。大学可以得到私人基金的帮助，直接受益的就是美国的科学和研究生教育。因此，国外模式实际上设立了研究资助的标准和水平。但是在 20 世纪 50 年代，在苏联人造地球卫星上天之后，美国大学几乎无法从苏联大学那里学到什么。尽管苏联人造地球卫星上天了，美国的科学并不比苏联落后。不过有人还是坚持不一样的看法，且他们的看法或许不无道理：相比苏联的成就，美国的科学教育从小学到大学都存在某些缺陷；美国在火箭和空间技术上的落后当然是显而易见的。科学教育的发展要求在教

① 研究型企业：一种以研究和开发为主要目标的企业，通常从事科学、技术或医学等领域的研究工作。——译者注

学资源上增加投入；技术进步要求在任务导向的研究中作出新的努力，就像在战争期间为了雷达和原子弹的发展所做的努力那样。这两方面的投入本来应该有助于巩固大学研究，使其保持在 20 世纪 40 年代和 50 年代所达到的高水平，并有助于过渡到一个相对平稳的增长时期。然而，科学界成员利用苏联卫星上天进行了更加全面的努力，以推动研究。他们制造了一种普遍担忧的气氛：美国可能会将其科学领导地位让给苏联，而这可能会给国家的安全和繁荣带来灾难性的后果。[①]

这种宣传颇有成效。它非常符合冷战时期风头正盛的心态，而且有证据表明，美国的经济繁荣（这种繁荣当时也处于顶峰）某种程度上是基于科学进步的（Freeman & Young，1965，pp.31–37，71；Gruber，Mehta，& Vernon，1967；Keesing，1967）。由此产生了一种资助科学的新方法。资助不应与教育、工业或专业服务方面任何已知的研究用途挂钩，而应发展为一种基本的资源，其他的这些活动将会从中得到刺激。

结果，那些顶尖的大学不仅成了“享受联邦资助的大学”，而且在很大程度上成了研究机构的联盟（Orlans，1962）。这意味着学术型教师（强调教学而非研究）的需求及高水平专业实践型人员（仅仅偶尔从事研究）的需求不再能决定大学的培养框架。相反，对研究助理的需求开始决定由大学提供的研究生教育的规模和种类。在很多情况下，研究和研究生训练实际上成为在职训练项目，旨在为不断扩大的大学研究事业提供

① 对于苏联人造地球卫星上天的一些反应，可参考 *News of Science*（1957a，1957b）以及 Dushane（1957）。

人员。那些需要助手来完成其项目的教授，“雇用”研究生为自己服务，并像工业企业那样对他们进行培训。有资格颁发博士学位的机构数量从 1953—1954 年的 159 个增加到 1969—1970 年的 296 个（Harris，1972，pp.355，363），20 所一流机构授予的博士学位数所占份额从 1948—1949 年的 68.5% 下降到 1970—1971 年的 37%（见表 1）。在同一时期，尽管博士培养人数有所增加，但学术系统中被雇用的博士比例并没有下降，甚至某种程度上还有所增加（见表 4）。所有这些都表明，大部分增加的博士毕业生是为了适应内部市场。

表 4 1948—1970 年，美国在自然科学、社会科学及工程学中以雇用形式存在的博士学位拥有者所占的比例

雇主类型	雇用的份额			份额的比率	
	1948 年	1964 年	1970 年	1964 年比 1948 年	1970 年比 1964 年
总数		79372	125234		
教育机构	54.5	51.3	60.0	.97	1.13
工业	32.8	32.9	29.5	1.01	.90
政府	10.9	11.8	10.5	1.08	.89

资料来源：Freeman（1971，table 7.6A，p.132），National Science Foundation（1971，table A-5，p.45）。

显然，这种形势迟早会提出一个问题：政府应如何决定研究资助的种类和数量。既然没有人能够给出一个满意的答案，大家就很默契地回避这一问题。[1] 令人惊讶的是，回避这一问

① 参见 V. Weisskopf 给 *Science* 的信，引自 Orlans (1968, p. 115, fn)。经济增长放缓的趋势已经被 Price (1963, p. 19) 等人指出来了。

题在很长一段时间里是很成功的。尽管经济指数的增长比科学研究指数的增长慢得多，研究支出，特别是大学中的研究支出仍然只占经济中很小的一部分。在 1963—1964 年，工业发达国家在研发上的总支出占国民生产总值的 1% 至 3.4%，其中 7% 到 26% 用于高等教育。然而，在研究上有着高投入（2% 或更多）的国家中，大学所占的份额任何情况下都不会高于 13%（Organisation for Economic Co-operation and Development，1967a，p.14）。因此，从研究人员的角度来看，最好的政策似乎就是尽可能地推迟解决研究资助标准的问题，这样的话，大学就能够积累更多的资本，来面对经费增速下降的问题。

然而，强制大学从事研究产生了一些意想不到的结果。由于一流大学雇用了越来越多的研究生和博士后人员进行全职研究，并将越来越多的永久性学术人员的时间转移到了研究之中，如果不是博士数量的大幅增加弥补了这一不足，适用于教学和工业工作的毕业生的供应就会越来越少。工业界和政府对博士雇用的比例在 1948 年到 1970 年之间并没有减少很多（见表 4），以前并不从事研究的学院和大学雇用博士的比例可能也增加了。但实现这一点必然是有代价的。很多过去很少有或没有研究项目的机构，现在也不得不设立项目，以获得与过去相同质量的教员；为了获得联邦资金，它们是被鼓励这么做的。一些大学也不得不发展博士生项目，以雇用并训练研究人员（见表 1）。工业企业认为有必要将业务扩大到其生产计划范围之外，以便雇用到与以前质量一样好的研发人员。他们有能力这样做，因为政府愿意补偿他们的研究开支甚至给予奖励。

本来大学研究在 20 世纪 40 年代之前就一直和学院、工业界和专业服务市场的博士训练挂钩，而现在很大程度上却独立于那些训练功能。研究成了一项独立的业务，由联邦政府买单，为公众福利，或为特殊的军事目的或民用目的提供知识。为研究而进行的训练现在主要是政府对这类研究的需求。

这切断了大学研究与专业训练（除了为研究而进行的训练）、通识教育间的关系。很少有人注意到研究框架之外新专业应用的可能性，或将新专业转化为文理课程体系创新的可能性。这方面的证据有不少：工业企业认为博士对于工业工作而言是训练过度了（这可能是错误训练的委婉说法）；初级学院则明显不愿意接收博士；最近引入的非研究型高级学位（有点像法国的 *agrégation*［教师资格考试］），主要就是为了培养普通的学院教师。

因此，强制大学从事研究在美国造成了一种局面，使人想起 19 世纪末和 20 世纪初欧洲各国政府直接支持研究的后果。它产生了一个长期的问题，即在研究上投入多少经费合适，以及如何将研究与大学的教学、专业训练功能结合起来。

美国模式的影响

美国的研究在“二战”期间及战后的巨大成功影响了其他国家研究制度的设立，这颇类似于德国科学在 19 世纪后半期的巨大成功所产生的影响。一个国家接一个国家，每个国家都极力（从 20 世纪 50 年代末期或 60 年代早期开始）增加大学及其他机构的研究经费（Mesthene，1965）。在英国，几乎没有对大学质量的不满，而只有对更多大学的强烈需要；而在英国之外，大学改革被认为是改善经济和社会的一个基本条件。在英国以外的其他国家中，大学改革的思想包括但不限于以下几点：加强研究方面的训练；在课程体系和研究方面有更多的灵活性；更有组织的研究，在研究中强调同事间的平等合作而不是领导的独裁权威；通过项目拨款增加对研究的补贴以激励竞争；增加初级工作人员的自主权。与此同时，欧洲的教育体系也试图效仿美国提高大学入学率的做法。当然，入学人数的膨胀也在和研究的膨胀竞争资源（Organisation for Economic Co-operation and Development，1974a，p.39）。

尽管在接受训练的学生的数量和种类上，或在要进行的研究的数量和种类上都没有实际的目标，但这两方面的计划却受到容易测量的指标的极大影响，比如，进入高等教育机构的学生占同龄群体（或人口群体）的百分比，研究开支占国民生产总值的百分比。这些都表明，西欧国家与美国（和苏联）在经费投入方面存在巨大差距，以至于西欧国家毫不怀疑它们自己也需要扩张。[①]1963—1964 年之间美国的研究支出占国民生产总值的 3.4%，苏联（在 1962 年）是 3%，英国是 2.3%，欧陆国家和日本的比例却都在 1.9% 之下（Freeman & Young，1965，p.117；Organisation for Economic Co-operation

① 英国在研究方面做得很好，但他们的大学入学率也比较低。

and Development，1967a，p.14）。[1] 更令人担忧的问题就是所谓的人才流失（brain-drain），即研究人员移居美国的趋势。

因此，正当美国体系出现新的且没有得到充分认识的问题时，每个国家都争相模仿美国的模式。美国体系——正如人们所看到的——是通过在等级森严的研究生院与本科学院之间，在大学研究与工业研究之间进行复杂的劳动分工而取得领导地位的。然而，那些模仿美国体系的外国人士对美国大学研究的这一背景却知之甚少。他们引以为模式的是美国系统在“二战”期间的非凡努力和成功，以及苏联人造地球卫星上天以后在美国兴起的研究热潮。他们没有将这些解释为临时动员的成果，而是预测了 20 世纪 60 年代初美国向遥远未来进发的趋势（National Education Association，1959，1961，1963，1965）。这就造成了一种海市蜃楼，让人误以为美国庞大的大学体系依托那些研究水准受人尊敬的优秀机构教育了大约一半的适龄人口。

结果，人们试图将最先进的美国研究生院植入欧洲体系，同时快速提高欧洲的入学率。正如已经指出的那样，这个过程快速地提高了那些对于职业生涯只有模糊规划的学生的比例。既然在欧洲只存在单一的教学框架，学生获得的基本上是专业学位（professional degree），且研究和教学的结合是基于这样一个假设，即研究中一定程度的“过度训练”对于那些进入专

① 目前这一差距已经被弥补了。1973 年，美国研发经费占国民生产总值的 2.35%，联邦德国为 2.36%，苏联为 3.10%，法国为 1.73%，日本为 1.82%。英国 1969 年的占比为 2.73%。参见 National Science Foundation，1976，p.154。

门性职业（professional careers）的学生来说是有用的，那么即使没有尝试更重视研究，新一代的学生也会对体系产生压力。欧洲大学本应采取措施来处理"通识学位"学生的需要，以及高级研究和研究训练的需要，并应注意这两种新职能[①]的协调。然而正如前一章所指出的，人们很少意识到通识学位学生的问题。如此一来，一方面，准备不足的学生越来越多，针对他们的相当敷衍的教学花费了相当多的预算，但另一方面，20世纪60年代所有为变革而做的学术努力和组织努力都是为了创建设施和形成安排，以改进研究和提高研究生训练水平。结果，无论是研究还是研究生训练，既没有得到充足的经费，也没有得到充分的组织。

在这种环境下，提高大学研究效率的努力是不会成功的，这个问题在20世纪60年代晚期变得最为明显。虽然1968—1970年大学的抗议运动具有政治的性质，不能归因于大学的内部问题，然而骚乱产生的根源之一——以及获得广泛支持的原因之一，特别是在社会科学的学生中——是不断增强的专业化和研究导向（但是相当表面）的教学与那些对某种类型的通识教育感兴趣的学生的动机之间的矛盾。结果是，20世纪60年代对研究的排他性专注让位于对大学教育功能的排他性专注。然而，这种新的努力不是为了提高教学和教育质量，而是为了增加入学人数，满足学生对代表权和参与大学治理的要求。因此，除了一些有前景的实验，比如开放大学之外，这种兴趣的倒置并没有带来研究与学习之间更好的平衡。

① 两种新职能，这里指教学和研究。——译者注

由于改革具有政治目标，在很多情况下教学和研究都受到了损害。在一些系所，特别是在人文与社会科学系所中，在研究的名义下进行的是一种基于某种政治教义的进步教育实验。学生和初级教员（后者的薪酬相当不错，但通常他们准备不足）进行的学习实际上是生活适应课程，或者是群体决策和领导力的实验。研究（如果进行研究的话）常常是这种生活适应课程的一部分。它的目的不是增进知识，而是解决一些问题，这些问题是由群体共同决定的，被认为具有重要的社会意义——它们更多地关注于获得与主流意识形态相一致的结果，而不是发现新知识。

当然，并不是所有的系所都同等地受到这些发展的影响。在大部分自然科学的系所中，这些影响比在社会科学和人文学科更不明显。然而，总的来说，研究和教学的关系在所有的领域都受到了损害。而研究设施在很多大学中都得到了改进，那些有着优质生源（他们以严肃的学习和研究为导向）的系所可能比十年前更能给博士生以更好的训练。不过，即使大学的这些部分也处在严重的财政压力之下，因为以教学为目标的预算占用了资金，他们的士气也常常为耗时、不愉快的行政程序以及遍及校园的政治骚乱所破坏。

结论

这些发展打断了欧洲创立新式研究型大学的努力。人们并没有认真努力地去建设性重构研究与教学之间的关系（正如已经指出的，虽然有一些自动发生的重构工作）；区分不同学位等级的尝试并没有持续进行；行政改革常常是由政治考量，而不是由教学、训练和研究的要求所引导。改革所产生的挫折强化了一种长期存在的趋势：高级研究的中心从大学向非教学型研究机构（如德国的马克斯·普朗克研究所、法国国家科学研究中心）转移。这样，以一种矛盾的方式，欧陆大学流产的改革虽然最初是试图把自己变成美国研究生院的形式，但后来却倾向于把更多的高级研究从大学移到专门的研究机构中去，倾向于把大学的一些部分转换为相对低级别的准专业化教育机构。

美国也在讨论发展非教学型研究机构的可能性。在美国，大学结构对于高级研究的开展是足够的，而且——在最初的挫折之后——整个体系现在似乎能够处理政治化的企图，或者，无论如何都能把它维持在一个合理的水平上，防止它严重干扰研究和教学。但是大学存在非常严重的财政问题。大学研究和博士雇佣曾经极大地依赖于中央政府的资助，然而这种资助被缩减了。这是不可避免的，但是当它到来时，大学体系完全没有准备好。大学适应重新出现的经费匮乏的能力被学生骚乱及随后的经济萧条削弱了。这些压力使得大学特别难适应。实际的问题是，在经济繁荣时期，政府采取了一项政策，根据该政策，政府几乎会支持合格的研究人员根据该领域知名科学家组成的咨询团队的推荐而提交的每一个研究项目。这样，同行评议系统自己承担了政策制定的功能，然而该系统从未打算执行这项功能。这就导致大学基础研究经费在 1960 年到 1968 年之间增长了 25%（Organisation for Economic Co-operation and

Development，1974a，p.39）[①]，这在任何环境中都是难以持续的，在当前经济增长衰退的条件下尤其不能持续。因此，新标准（或者用更现实的说法，新机制）不得不出台，以在一种可持续的水平上资助科学。而可持续的水平就是指从长远来看不能超过经济发展的增速。

然而，学术共同体和科学政策制定者仍然忙于应对突然的财富变化所带来的创伤，而不是为这一问题寻找解决办法。这个可预见的而且已预见了的事件产生了一种社会失范的后果（见第一章），这一失范表现在，对科学研究的目的与合法性、研究者的社会和政治责任、研究有助于社会正义的进一步发展产生了基本怀疑。所有这些都是重要的问题，但很大程度上都与当今科学的困难无关，因为这些困难不是过去人们不注意这些问题的结果。这些问题太突出了，将人们的注意力从对稳定地资助研究、寻找新的分配机制那里转移过来，并且还通过质疑科学的合理性，削弱了全面资助科学的倾向。

这样一来，大学研究的未来到处危机重重。这一事实也使得为通识教育问题寻找出路变得前途未卜。正如前面一章所指出的，通识教育的质量和进步依赖于最好的研究型大学里的毕业生和一些教师将新创造的知识引入学院课程体系的不懈努力。把不同类型的高级研究引入非教学型的研究机构，就切断

① 人们长期以来就同行评议问题进行了无休止的讨论，这表明了人们对这个问题的困惑。多年以来，人们批评同行评议系统是腐败的，尽管研究者得出了相反的结论（Gustafson，1975）。同行评议作为一种资金分配机制是有效的。麻烦在于，它成了决定科研资助水平的机制。

了高级研究和本科学院学习之间的联系，使后者降低到了中学的学习水平。

大学在履行其传统的教学和研究使命时无力应对重重困难，其部分原因在于，随着内外批评的冲击和资助的撤回，它们将注意力转向了“大学能为社会福利和正义作出什么贡献”的问题。当然，大学一直通过科学知识传播的有益影响，为这些目标间接地做贡献。但是现在，大学被要求把促进福利和正义作为其主要职能之一，甚至以可能损害其传统的教学和研究职能为代价。因此，在提出任何解决大学当前困难的建议之前，我们有必要先研究一下对大学的这些新要求。

第六章　大学、政治和社会批评

现代社会中，教学、训练和基础研究的责任主要由大学和相关学术机构承担，它们也一直是这些机构的主要功能。虽然大学还发挥着其他功能，诸如提供社会批评，促进社会流动，普及科学与学术，以及为大学成员、偶尔也为邻近的社区提供各种服务，但这些都不是首要由大学来履行的，而且大学在这些领域的作用可能相当有限。例如，在一个正常运转的民主社会中，社会批评的职能将会主要由新闻媒体和政治家们承担，学术群体的贡献是边缘性的。不管高等教育的规模如何，经济上不断增长的社会已经造就了大量的社会流动。

尽管如此，社会批评和促进社会流动已经与大学联系在一起，以至于这种联系深刻地影响了政府对高等教育的政策和社会对高等教育的期望。正如前面几章中已经看到的那样，所有的大学体系在近些年都经历了政治化，一些大学体系的政治化已经成为一种地方性现象。当然，作为诸多专门职业的训练机构，大学是一些最受欢迎的社会职位的看门人。本章将探讨大学在社会批判中的作用，下一章将讨论大学在社会流动中的作用。

批评的生态和结构状况

在绝大多数国家，一般来讲，大学最大程度地集中了智力上最有天赋的人，尤其是智力上最有天赋的年轻人。由于他们是最有可能反思、诉说和书写社会事务的一批人，所以大部分这类活动将发生在大学中，由与大学有关的人来参与。此外，聪明人不太可能基于表面价值去接受现存社会状态的合理化，而且由于年轻人相对更不囿于传统观念，因此大学人群比一般人更可能批判社会（Ladd & Lipset，1975；Lipset et al.，1954，p.1148；Schumpeter，1947，pp.145-155；Shils，1972）。所以，即使那些普遍赞同流行的社会意识形态的大学，或者那些有意持非政治立场的大学，其成员中也会有过高比例的个体对社会现状持批判态度。

在英国和美国，大学已经承担了教育学生的责任，而不仅仅是传授知识；大学的这种批判倾向在传统上一直被看作是宝贵的教育财富。这已经使大学成为优良的民主培训基地，因为通过让年轻的头脑与新的、非正统的思想观念交锋，可以挑战他们所继承的信仰，迫使他们参与辩论，努力去理解与自身不同的观念，进而去采纳和捍卫基于理性思考而不是偏见的立场。

在大多数其他国家中，大学参与社会批判的活动已经政治化了而不是教育性的。在那些被剥夺政治自由的国家里——欧洲几乎没有几个国家，亚洲和拉丁美洲没有一个国家在最近的某个时候没有被剥夺自由——大学通常拥有正式或非正式的特权。在许多国家，学术自由被阐释为一种治外法权，可以从政治监管中获得豁免。因此，在独裁政体中，大学成为自由政治活动的主要中心。在拉美国家，学术治外法权传统与独裁统治传统长期共存，从而形成一种独一无二的政治性大学（political university）类型。在这样的大学里，政治几乎和学术同等重要，有时甚至会更重要（Atcon，1966；Silvert，1964，pp.206–226）。大学的这种政治传统在日本和许多欧洲大陆国家中也较为普遍，虽然在这些国家，政治传统侵犯大学的学术功能还没有到拉美国家那般严重（Okada，1964，p.4；Sekine，1975；Shimbori，1964，1968，1973）。英国和美国的大学政治化程度最低，因为它们是民主国家，且它们的大学积极教导学生追求民主。虽然荷兰、斯堪的纳维亚和瑞士的大学没有关注民主化教育，但在它们大学的历史上，几乎也没有政治化的倾向。很明显，这是因为在这些稳定的民主国家中没有限制大学政治活动的理由。

20 世纪 60 年代出现了一个新的条件，它使得处于完善的民主制度中的大学也政治化了。大学达到了前所未有的规模，拥有成千上万的学生，甚至超过 10 万人。由于直接的“革命性”政治活动需要年轻人，他们没有经济上的责任和家庭负担，拥有相对充裕的自由时间以及一个可以集会的地方，大学便成为举行这种政治活动的一个理想环境。如今，相当高比例的 18 至 22 岁的人群处于大学之中，且这一比例还在不断提高。以前，大学校园容纳的仅仅是未来的领导者和思想家。现在，大学也容纳政治活动所需要的战士。这意味着，任何会导致政治活动加剧——尤其是加剧到为达到政治目的而使用暴力的程度——的政治危机，都很可能源自大学校园（Archer，1972；Lipset，1967，1969；Lipset & Wolin，1965）。在第四章中描述过的学院传统在20世纪五六十年代的衰落，甚至使美国和英国的大学也遭受了政治激进主义的洗礼。

当然，大学追求政治活动这一新的可能性并不是其政治化的一个充分条件，而充其量是为那些企图利用大学达到政治目的之人创造了一个机会。因此，1968年及其后几年中的学生骚乱是一些具体事件——尤其是越南战争，在美国还有种族冲突——的结果，同时也是激进团体蓄意煽动的后果。但是，这些学生运动出乎意料的广泛程度和影响力正是过去十年间未被注意到的潜力所积累的结果。

政治化的类型和程度

在骚乱的鼎盛时期，似乎全世界的大学都不可逆转地政治化了。如今的形势已不那么明朗。在欧洲，一些大学学部确实已经变成意识形态的灌输中心（正如日本和拉丁美洲大学中一些经济学系和社会科学系长期如此），另一些大学的政治活动则已经退回到1968年以前的较低水平。大多数则处于上述两种情况的中间地带，不大干涉教学和研究，但在欧洲和日本，根深蒂固的政治团体不仅支配着学生会或大学的一部分，控制着大学的政治姿态，而且还可能会利用大学作为不断更新的激进主义的基地（Domes，1976；Johnson，1975）。

预测未来的事态发展是不可能的，因为它很大程度上取决于总体的政治状况。但是，我们可以分析当今的形势，努力去理解产生不同类型和程度的政治化的机制。

规模最大和最持久的政治化发生在拉美、意大利、日本以及其他的零星地区。这种政治化指大学中激进团体的各种尝试，通过针对顽固派——尤其是政治敏感领域里的顽固派——或多或少的公开歧视和施压（经常包括暴力），来推行特定的政治观点。[①] 这种情况的背景看上去是政治当局和教会对高等教育进行宗教或意识形态控制的传统。在这些国家，针对大学的政策中有一个基本矛盾。一方面，政府试图紧紧控制大学里的不同政见；但另一方面，他们又给予大学师生政治豁免权，因而鼓励了把大学作为不同政见的保护地的做法。此外，贴着官方标签的意识形态的拙劣和老套（所有官方的意识形态短期内就会变得拙劣和过时）在知识分子中引发了异议。最后，由于需要秘密行动，需要时刻保持警惕以及抵抗残酷的压迫，因此只有那些组织良好的、通常是激进的群体能存活下来。如此一来，便产生了一种把"知识分子"等同为"政治激进派"的倾向（Lipset，1967，pp.10–12；Pipes，1961）。这种倾向始于 18 世纪的法国；然而在那时，持不同政见的知识分子在大学外比在大学里更易生存。但是，在 19 世纪末或 20 世纪初，在俄国、日本、拉美、意大利以及欧洲大陆的其他地

① 更多的情况是，威权政府将政治观点强加给教师和学生。但本书只关注大学内部的师生所创造的意识形态恐怖。当然，引发校内恐怖的团体所取得的政治胜利，或者校内政治鼓动所引发的外在政治反应，都会使内部恐怖催生出外部的、政府的恐怖。

区（这些地区程度低一点），激进知识分子往往也是大学生或教授。

这种根深蒂固的学术激进主义传统的存在，增强了激进运动对大学生和年轻教师的吸引力。这些人不得不通过学术成就来证明自己，因而处于巨大的压力下。而参加激进运动减轻了这种压力，因为这给予其知识分子的地位而无须学术证明。[①] 那些参加激进运动的人也进入了一个内部的学术圈子，圈子里有一些重要人物，并且圈子可以在大学中给予他们声望以及为他们提供支持。普遍失业或对失业的担心已经成为大学毕业生追求归属感和安全感的另一个原因。因此，如果具有特定信念的政治团体成功控制了高等教育的整个系统或机构，就像在一些拉美国家、意大利或西柏林那样，那么大学生和学术知识分子就会变成一个真正的社会阶层，追求自己的政治，与中世纪时的神职人员很相似。

政治化一般具有三个特点：保持政治和意识形态上的高压统治，然后时不时地给予大学一定程度的豁免权，这样的历史把大学变成了阴谋政治的中心；知识分子激进主义的文化传统有自己的历史、神话、英雄和象征，它虽然起源于上述的环

---

① 这并不是说那些参加激进运动的就是智力低下的学生和年轻学者。一些最有能力的学生和教师也没有安全感。但专业和学术上的成功似乎会减少激进主义，除非激进主义成了时尚或占主导地位。这时候，人们会出于机会主义心态保持激进或变得激进。

不过，仍然要强调的是，在任何情况下都很少会有知识分子成为彻底的保守主义者。只有在很多条件具备的前提下，他们对分析和发现的兴趣才会与保守主义相容。

境，但随后就变成了一个独立的因素；[①] 通过有组织的学生运动和意识形态或政治的宗派，控制大学中的系所、整个大学，以及 / 或者大众传媒，以实现对这种激进主义文化传统的高度的制度支持。

正如之前所指出的那样，在第一个条件——通过不断的镇压导致的激进主义强化——早已不复存在的国家中，政治化不是痼疾。但是在这些国家里，一个国际化的激进主义文化传统的存在对年轻人和缺乏安全感的人也是一个永恒的诱惑。他们在几乎普遍的激进主义和同样广泛的对政治漠不关心这两个极端之间摇摆，这表明，这是一个像时尚那样的现象。[②] 其吸引力在于引领意识形态思潮的人与那些遵循和实践这种意识形态的人的性格特征。一种意识形态，就好像衣服，只有在能使追随者与精英派或中心人物相一致的时候才变得有吸引力。因此，法西斯主义只在意大利蓬勃发展的时候，对其他地方的知识分子毫无吸引力可言。但是随着德国大学中纳粹主义的兴起（这些大学是世界顶尖的学术机构），纳粹主义像丛林大火般蔓延开

---

① 激进传统的内容可能会改变，在 20 世纪 30 年代，对于世界范围内的许多学生来说，法西斯主义所拥有的不可抵挡的诱惑力与如今的激进左翼意识形态所拥有的是一样的。事实上，极右和极“左”之间的区别通常纯粹是语义上的。我听说过美国有一个案例：在一所以同情自由主义而闻名的学院里，一名激进的黑人教员将纳粹反犹宣传的概要——这种反犹宣传在欧洲犹太人遭灭绝的历史中有所描述——当作了犹太人性格的事实来源。

② 必须强调的是，我在这里谈论的只是知识分子中意识形态时尚的摇摆，以及他们基于政治目的而篡夺大学的相关尝试，而不是一般意义上的意识形态的创造或采纳。意识形态的创造和采纳本身在心理上和社会学上都是必要的和潜在有用的过程。

来。但巧合的是，一方面犹太人（其在欧洲的知识分子中所占比例偏高）在纳粹的意识形态中习惯性地被看作替罪羊，另一方面，美国和英国的大学仍然保持着开明的和自由的基督教传统，以及对其社会优越性的不那么开明的信仰，纳粹主义的吸引力甚至可能会更为广泛。

这也可以解释近年来左翼意识形态的兴起。在整个 50 年代和 60 年代早期，左翼的意识形态已经在日本和拉美学生中广为传播，而在世界其他地方则没有太多的影响。但是，激进的左派在顶尖的美国和欧洲大学中流行开来时，立即在全世界范围内产生了连锁反应。这种连锁反应的流行性特点是显著的，从美国的种族问题和越南战争——对美国大学生来说是重要的问题，但对其他人而言则是边缘的问题——成为各国学生积极分子关心的核心问题的事实可以看到这一点。学生运动具有显著流行性特点的另一个证据是，利益和观点完全不同的人们使用相同的符号体系。例如，今天所谓的激进左派首先包括无政府主义者，他们着迷于创立一个容纳所有种族和民族的乌托邦；激进左派也包括极端的种族主义者和民族主义者，对他们而言，对某些外部群体的仇视是其政治信仰的一个神圣的、核心的部分，就像对于纳粹分子而言也是这样。因此，许多独裁政权在今天被视为左派，这大概主要是因为他们反对诸如“资本主义”“帝国主义”“殖民主义”“自由民主”，甚至还相当奇怪地反对“法西斯主义”和“种族主义”（而这正是其向往和实践的）这样一些符号。对这些词语的使用纯粹是符号化的，因为没有做什么努力去证实这些术语和现实之间的关系。

愿意采纳激进时尚的倾向也与社会特点相关。总体上讲，追逐时尚的都是有闲阶级，其拥有的安全感使得他们可以去体验和尝试各种刺激的事情，而那些缺乏社会安全感的人需要确认自身属于一个有声誉的团体，并且通过可以给予名声的符号来得到认同。对激进学生运动的发生率的调查以及教师对这种运动的支持的调查，与假设是一致的。所以，在美国，学生运动以及教师群体对学生运动的支持在精英学院和顶尖大学中是最高的（Ladd & Lipset，1975，p. 142；Peterson & Bilorusky，1971，pp. 53–55）。个人对学生运动的参与和支持，是与总体不满、宗教关系的变化、少数民族地位等不安全感的指数高度相关（Carnegie Commission，1972，pp. 92–93；Ladd & Lipset，1975，pp. 163，178）。不安全感的另一个来源是探求道德体验和社会体验的大量学生。有迹象表明，这类学生群体既集中在精英型机构中，又出现在大众型机构中。在精英型机构中，向上流动的学生遇到了上层阶级的学生——这些上层阶级学生能够负担得起对生活方式和时尚的实验（当然，他们还可能受到向下流动的威胁）；而大众型机构吸纳了大量相对不够成功的学生，这些学生有着模糊的抱负，但没有清晰的职业目标。不过话说回来，虽然许多学生感兴趣的是促使大学政治化，但人们并不期望在专业学院，在专为具有明确学术目标或狭义职业目标的院校，或专为具有原教旨主义宗教信仰的学生而设立的院校里面发现他们。美国的统计数据表明，一方面是规模，以及规模和质量的结合，另一方面是学生激进主义，两者之间的关系与这种解释是一致的（Peterson & Bilorusky，1971，pp. 40–49，54）。令人印象深刻的是，这种假设也得到了英国和日本学生动乱模式的验证。

然而，那些拥有密集且有效的教育项目（educational program）、能妥善处理学生问题的机构，或者那些在师生间保持沟通的机构（这种沟通代表了始终如一的教育原则），往往成功地应对了学生激进主义的狂潮，而不会经历哪怕是暂时的政治化。因此，美国各处的小型文理学院或音乐学院（它们一对一地训练学生）相当成功地应对了60年代末和70年代初的动乱浪潮（Peterson & Bilorusky，1971，pp. 76–82），尽管这些学院也有许多学生在追寻道德体验和社会体验，并且极易遭受意识形态潮流的影响。

不同领域和不同机构中科学传统和专业传统的力量有强有弱，这是对这种激进时尚产生不同敏感性的一个重要条件。在科学传统薄弱的领域和国家，为了政治目的而篡夺大学比在科学传统强大的领域和国家更容易。这一点很容易就能找到证据，比如，社会学和人类学等相对非技术的领域已经被政治化了，而自然科学和应用科学相对不容易受到政治化的影响（Peterson & Bilorusky，1971，p.21）。此外，把社会学、政治学或经济学的研究变为对各种政治教条的介绍的现象仅仅发生在社会科学传统薄弱的大学中。在美国，甚至在英格兰和法国，社会研究传统一直很强，甚至在伯克利、伦敦政治经济学院那样的高校中，或在学生激进运动达到顶峰的巴黎的诸大学中，整个领域的政治化都能够避免。在柏林自由大学、一些日本大学的经济学系，以及在社会科学领域缺乏强大研究传统的其他地方，社会科学被各种政治教条取代了。

当学生能够开始骚乱时，大学长期的政治化需要进一步的条件。学生来来往往，因此不能够持久地影响大学。对一所大学长期的政治侵占只有在激进组织能够建立起对它的持续控制时才会发生。传统上讲，他们试图通过掌握学生组织来达到目的。这种做法是相对容易的，因为绝大多数学生完全没有经验，不会主动对政治感兴趣（Johnson，1975；Worms，1967）。然而学生组织在大学中没有什么声望和影响，而且它们也因学生的不断流动而受到中断的威胁。

在欧洲和日本，通过国内和国际学生组织，学生政治已经有了某种持久性。在大学之外，学生们建立了一个永久的官僚机构。如果得到大学中激进分子的支持，该机构可以使自己永远存在下去，有效地操纵官方决议，并利用全国学生团体的名义，或某所大学的名义，来达到自己的宣传目的。但只有在极少数情况下，它才能动员学生采取政治行动或对大学的学术活动产生影响。

把大学或大学的一部分变为政治工具的有效途径，得借重至少是部分大学教师的实质性帮助。这种帮助在欧洲大陆或日本的大学中极为有效，在那里，每一个“讲席教授”都自行其是。对政治集团来说，攫取一两个“讲席教授”席位，保证其处于自己的控制之下，然后利用其所获得的席位作为权力基础来扩大自己的影响，这往往是可能的。类似的情况似乎已经在德国和日本的大学中发生了（Domes，1976；Sekine，1975）。

在欧洲大陆，学生获得了大学治理中的权力，他们只要和少数教师合作就能使整个大学政治化。看看法国 1968 年的安排结果将会很有趣。他们赋予学生相当大的大学治理参与权，但与此同时，他们会显著地加强学生和教师之间的个人联系，并强化教学的方法。因此，一方面他们为政治积极分子和有组织的集团接管大学打开了方便之门；但另一方面，他们会通过为学生提供别的交流渠道和更令人满意的教育体验来削弱学生参与政治活动的倾向。[①]

这些理由解释了为什么在绝大多数国家中并没有看到政治对大学的彻底侵占。我们看到的是大学不同程度的政治化——从完全非政治化、部分政治化到“潜在”政治化。最后，政治团体通过攫取大学管理权这样的方式获得了决定性的权力，从而可以随时动员大学以达到自己的目的。但政治团体不会（至少暂时不会）公然干涉大学的教学和研究活动。

如果这些推测是正确的，那么很难指望大学中的社会批评将会重新被用来为民主教育服务，而不会干涉优异的学习和研究。即使大学没有被政治势力夺权，它仍然会对政治潮流更加敏感，更容易对政治活动作出乱哄哄的反应而不利于民主教育和学术，或者爆发政治运动和暴力。还有一种可能是，把大学不知不觉地转变为政党机构。

对大学政治功能的再思考

结论表明，对大学政治功能的传统态度必须改变。在

① 到目前为止，这么做的效果似乎并不明显，原因很可能是大学中的资源不足，并缺乏学术领导者。参见 Bourricaud（1975）。

有些人看来，当认为“大学是而且应当是一个社会批评场所”的思想出现在英国和美国时，大学已经安全地远离了政治斗争的中心。大学的学术活动可能遭受政治斗争影响的危险是微不足道的，而且大学中政治宣言影响实际政策的可能性是很小的。在这些条件下，有理由把大学视为一个可以传播不敬的，甚至轻浮和不负责任的政治观点的地方，因为人们理所当然地认为它们不会造成直接的政治影响。然而在今天，这是一种站不住脚的立场——事实上，在欧洲大陆很长时间之前就已经变得站不住脚了——因为现在的大学实际上是或潜在地是一个重要的政治力量。有组织的大学政治不再是孩子们的游戏，而是严肃的政治。允许有组织的学生和教师利用大学达到政治目的就等于容忍一个特权阶级的产生，他们能够转移公共资源，用作其他目的，以进一步加强其自身的政治利益。这与民主的原则是不一致的，就如同允许国家公务员运用他们的办公室和带薪时间来进行政党政治和宣传。

这不是建议在校园中去镇压甚至刻意废止对政治问题进行自由批评的思想和言论，或者甚至建议去禁止政治活动。这样的建议既不现实又不公正。和其他公民一样，教师有权利参与政治；阻止学生在他们发展成型的阶段对政治产生兴趣，会妨碍他们成长为独立个体和负责任的公民，并且会对他们的权利产生侵犯。

但是，政治辩论和活动必须遵循两个原则：每一次大学的活动都必须与大学作为研究和教学机构的目标相一致；大学成员必须同其他公民一样不能拥有政治特权。

相应地，必须区分政治讨论和有组织的政治活动。前者在大学中有一席之地，并不仅限于政治科学，因为政治观点的形成构成了教育过程的一个基本部分。但政治讨论仅仅是作为教育过程的一部分才可以在大学中拥有一席之地；否则大学将成为一个受公众支持的党派机构，这既不符合民主原则，也与对科学与学问的不带偏见的追求不相一致。这意味着，人们不能期望大学政治比现实政治更科学化，倒是可以期望其在智识上比现实政治更诚实、更超然。

比如，这意味着下面这些政治言论或者演讲是不被允许的：根据政治标准挑选听众的演讲，缺乏公正的主持人的演讲，或者不能确保有提问和回答时间的演讲。许多大学制订了这种规定，但常常不能很好地执行，流行的观点认为这些规则是无法强制的。然而，执行难主要归咎于大学对这类事情的消极处理。正如已经指出的，从五六十年代以来，美国和英国的大学没有给课外教育功能（extracurricular educational functions）什么优先权（而且其他的高等教育体系也从来不关注这些事情）。它们几乎毫不注意对政治讨论和其他公共讨论的组织，而将其交给没什么学术地位的院长助理或学生，不关心在其中发生的一切，只有当严重的纪律问题出现时才会有所警惕。在这种情况下，既然那些规定只有在“强制执行”的消极状况下才会引起注意，那么毫不遵守理智诚实辩论的原则就毫不奇怪了。因此，学生们对诚实辩论的原则毫不尊重，这跟贫民窟居民别无二致——他们对法律的唯一经验来自与警察的接触，对一般的法律也毫不尊重。如果大学希望改善大学政治的基调，而不仅仅是口头上提及大学的批判功能，那么它们必须更加积极地关注这个问题。它们必须让大学里地位很高的成员、社区组织，也许还有大学报纸参与这些事务，并富有想象力地精心策划校园辩论（事实上，有些学院就是这样做的）。最重要的是，他们必须要求教师恪守负责任的政治行为。

至于组织校园政治活动，应严格限制在俱乐部式的内部活动中。学术团体以外的人所参与的有组织的政治行动，不应以校园为中心或源于校园。这并不是要阻止学术界成员的政治活动，而是鼓励他们以公民身份而不是特权精英身份参与这些活动。

在绝大多数政治活跃的年轻人都集中在高等教育机构的时代，如果要保持大学作为学问机构的独立性和完整性，似乎采取这种政策是必要的。当然，这一政策执行起来并不总是那么容易。然而，绝大多数教师和学生前往大学不是为了参加政治活动，而是为了工作和学习。他们的骚乱和颠覆倾向在某种程度上是缺乏明确行为准则的结果。明确性的缺乏所引发的混乱，容易被那些想篡夺大学以达到政治目的的人利用。澄清原则并不能自动确保原则的执行，但这是执行原则的必要条件。

结论

世界各地的大学都面临着这样的选择：是长期遭受政治化的威胁，还是积极监管其内部的政治活动。这种监管将涉及一种教育责任，这种责任既是英美以外的大学从未接受过的，也是英美大学自上世纪50年代以来倾向于放弃的。

在美国，尽管有一些异议，人们更倾向于忍受长期的威胁，而不是接受新的教育责任。这种选择似乎更为方便，而且正如欧洲大陆的经验所表明的那样，这种选择长远来看无损于大学的教研产出，其代价则是短期的动乱。然而，在这种情况下，过去的经验能否指导未来是值得怀疑的。如今的大学生无论在绝对人数上还是在比例上都要比过去多得多，他们对教育而非教学的需求也比以前多得多。随着大学入学人数的迅速增长，大学的政治潜能也在相应地增长，政党和公务员利用这种潜能来实现其意图的倾向也在增加。所以，与政治化威胁共存的代价可能会显著地增加，而且对研究和教学的干涉可能会变得不可忍受。即使是现在，花在遵守政治程序（如欧洲的“共同决策”）或受政治启发的行政程序（如美国的“机会均等”）上的时间，也经常严重侵占可用于研究和教学的时间——更不用说其中一些程序造成了直接的损害。

此外，大学的政治化不仅仅是对科学和学问的威胁，也是对自由和民主的威胁。一个受到公开支持的、被政治化的大学是一种政治特权的资源。从历史经验来判断，这种资源可以被用来规避和颠覆民主，随之在政治敏感领域剥夺教学与研究的自由。所以，与传统的大学功能——教学与研究——相一致的唯一选择是由大学来监管校园里的政治活动。既然这是大学总体教育责任的一部分，那么一旦讨论完大学在促进社会平等中的角色（这个问题在近些年作为大学的另一项功能已日渐突出），本书将会在最后一章讨论这种监管的可能性。

第七章　大学、社会公正与平等

大学在促进社会公正方面的作用，就像它们在社会批评方面的作用一样，一直是次要的。权利、义务和机会的均等必须在一切社会机构中得到保证，而将推进社会公正的主要责任放在大学身上，恰恰是社会普遍不平等的表现，正如将大学视为社会批评的中心实际上是压迫的表现。

虽然大学作为一个机构并不参与社会批评——只有与大学相关的一些个人参与其中——但它对推进社会公正负有制度性责任。大学为学生提供专门化职业训练，它既是学生向各种精英职位流动的重要渠道，也是他们获得高深学问的最重要场所。通过允许或防止招生和学习环节中发生歧视，大学损害或维护了社会公正。[①]

从历史的角度来看，大学表现得较为优秀。尽管人们经常指责大学维持了阶级特权，但教育在任何社会中也许都是最不带有歧视色彩的机构之一。这并不是说不存在基于社会等级的歧视。贫苦人家的孩子被迫以许多微妙的、偶尔也是残酷无情的方式，感觉到自己不如那些出身有钱有势家庭的孩子。首

① 在雇用教职员工时也存在歧视的问题，但这与其他类型的就业并无不同。

先，富人能够为子女购买教育，而穷人则不能。然而，尽管对个人成就的认可一直是教育机构固有的标准，基于社会阶层的歧视仍然发生在政治和经济领域并侵入教育领域，正如它侵入其他的领域那样。即使社会以其他方式接受了社会阶层差别的合法性，这种歧视在教育领域也被认为是一种腐败。因此，尽管大学并未高出自己所属的社会太多，但是相对于社会而言，它们经常采取开放的、非歧视的做法。

尽管如此，如果说大学曾经因为歧视而受到非难，这也并非因为大学对某些群体的歧视比其他机构更甚，而是因为，即便是发生轻微的歧视，也被认为是与大学的标准和价值不符的。在别处可以被容忍的现象，到了大学里就变得不可容忍了。

高等教育的机会均等

在当代大学中实现社会公正的主要障碍是对社会底层的无意识歧视。基于社会阶层背景的有意歧视在 19 世纪时就在所有现代大学系统中废除了。但是，为克服社会底层青年的教育障碍而做的努力却极少。障碍主要是由经济原因造成的，因此调整的措施包括免收学费、提供奖学金和宿舍等。20 世纪 40 年代，随着福利国家（welfare state）的兴起，政府承担了提供此类支持的责任，并大致有效地确保没有一个被大学录取的学生会因为贫困而失学。然而，经济障碍的消失却显示，教育差异的根源并不完全是经济。即使在为每个人都提供足够多支持的国家里，社会底层的年轻人依旧早早放弃了学业。

20 世纪五六十年代的许多研究调查了不同阶层背景的

儿童和学生中存在着的教育不平等问题（比如，参见：Ben-David，1963–64；Duncan，1968；Floud，Halsey，& Martin，1956；Halsey，Floud，& Anderson，1961，pp.209–240；Kahl，1959，pp.276–298；Poignant，1969，pp.195–202； 以及 Sewell & Shah，1967）。这些研究都认为，以考试来衡量的能力理应是受教育程度（educational attainment）的必要条件，并研究了造成同等能力的年轻人受教育程度差异的原因。社会底层儿童的障碍在早于大学之前很久就变得显著了。出于各种尚未被充分了解的原因，儿童在教育方面的成就和渴望与阶层背景有关。这并不是说教育系统对教育平等毫无影响。研究发现，像传统的欧洲教育体系那样，试图在学生很小的时候就确定他们的能力，并将他们送入适合各自能力的学校，比起像美国和“二战”后日本的教育体系那样，较晚的时候才遴选学生，对社会底层学生的进步更不利。诸如美国、英国和苏联的教育体系提供了大量不同的课程、不同类型和层次的学习，教学更加密集，在教育社会底层学生方面比欧洲同质化的大学更成功——要知道，在欧洲同质化的大学里，学生几乎没有选择，基本上依靠自己的资源。

这些研究对教育政策有着重要的影响。在欧洲，各国都在努力提高教育机会。根据前文提到的研究，这些努力集中于一些可操作的变量，即集中于正式的教育。高中教育变得相当开放，这在短时间内产生了大量有正式资格进入大学的候选人，并导致大学在校生人数剧增（Organisation for Economic Co-operation and Development，1971，pp.97–119）。来自下层社会的学生参加高等教育的人数也在各地增加。因此，来自社会经济最低阶层的学生的百分比，相对于同一阶层中从事经济活动的男性人口的百分比，在每一个地方都有所增加，而在 20 世纪 60 年代的欧洲各地，社会经济最高阶层中学生的百分比相对于从事经济活动的男性人口的百分比则有所下降（Organisation for Economic Co-operation and Development，1971，pp.48–49）。在整个 60 年代，人们积极推动，使高等教育更为灵活，这在很大程度上得益于 20 世纪 50 年代和 60 年代初对不同阶层的年轻人参与高等教育的情况所开展的研究（Organisation for Economic Co-operation and Development，1974b）。这种推动主要表现为将技术学院、教师培训学院以及类似的中学后教育机构提升至大学的地位。另一方面的表现——从数字上来看，其重要性要小得多——是英国的开放大学，现在其他地方也有开放大学，这些学校为兼职学生提供广播讲座和浓缩课程。但是，平等的推进过程比预期的要慢。部分原因也许是，欧洲大陆的改革大多集中于通过放宽考试要求和引入新的学习类型来增加学生人数，而很少注意教师资格及各级教学质量。在教学强度更大的英国和美国，阶层间的不平等确实比欧陆国家要少。[①]

较少的不公至少存在于南斯拉夫（Organisation for Economic Co-operation and Development，1971，pp.48–49），并且也许存

① 关于不同国家学生人均花费的比较，参见 Organisation for Economic Co-operation and Development（1974c，p.208）。

在于西欧以外的其他国家。然而，这是通过对教育系统的极端控制而达到的，其代价——表现为低教育标准和个人的不满——是巨大的（Organisation for Economic Co-operation and Development，1970，p.14）。因此，很难将这些结果作为和西欧国家进行比较的标准。

与欧洲相比，美国的情况要好得多，尽管社会背景所导致的受教育程度差异依然存在（Sewell & Shah，1967）。因为这些差异通常与种族差异一致，也因为美国人对不平等问题有着很强的文化敏感性，所以较之于欧洲，美国的问题在政治上更为尖锐，尽管该国在减少教育不平等方面，总体上，特别是在种族间，已经取得了重大进步（Duncan，1968；Hauser，1976）。主要的问题是智商与社会阶层之间存在高度相关性（Folger，Astin，& Bayer，1970，p.308），至少在现在这种相关性是难以通过大学甚至是中学的改革来降低的。因此，希望教育改革能在十年或二十年间消除不同阶层的年轻人之间受教育程度的差异，这是不现实的。然而，改革的失败也并没有带来更为现实的期待，或是改进社会底层儿童受教育潜能和受教育程度的实验性方法。这样的一个结论在政治上是不受欢迎的，特别是在美国，在那里阶层问题也是种族问题，人们迫切要求政府出台能立竿见影的政策。于是，人们对平等进程缓慢得令人失望的反应，就是尝试重新定义社会公正的概念。从20世纪60年代后期以来，高等教育（以及就业）中的“机会均等”已经不再意味着不分种族、阶层或信仰，对同等资格的个人一视同仁。相反，许多人将其解释为根据阶层、种族、民族、性别或其他一切潜在标准来定义的与群体成比例的成就，如果属于某个类别的人们有兴趣从政治上定义自己的话。这一新的观念拒绝区分机会平等和结果平等，并且在美国尤有影响，在那里它真正影响了有关教育和就业的官方政策。当然，这一观念在别处也很有影响，而且对高等教育施加着压力。①

这一观念彻底地改变了社会公正的概念，将其从平等的个体公民权转变为平等的政治群体代表权。因此，单一社会内部的教育平等问题，被认为与民族间教育平等的问题类似。后者是一个长期存在的问题，我们从中能够汲取的教训，也与评估社会内部教育平等的新要求有关。

民族间的教育平等

民族间教育平等的问题可以追溯到 18 世纪。那时，和英格兰、法国相比，其他国家的教育都十分落后。19 世纪，由于多民族帝国中民族主义的产生，教育平等问题有了一个新的维度。在俄国和奥匈帝国，社会的主要分界线不仅仅是阶级，还包括种族界限，这在强大的欧洲帝国的殖民地更甚。在这些社会中，文化控制，有时也包括种族控制，使得教育公正的问题复杂化了。个人的流动由于法律或其他官方的阻碍而变得不可能，或者只有以改变语言、宗教信仰、文化遗产或国籍为代价，才能成为可能。

① 例如，可参见英国高等教育大臣杰拉尔德·福勒（Gerald Fowler）在欧洲议会的高等教育改革与规划讨论会上的演说，该讨论会于 3 月 31 日—4 月 5 日在牛津大学举行（Conseil de l'Europe，1974，p.2）。

有的人愿意付出这样的代价，特别是当这代价并不过于昂贵时（“一战”前居住在维也纳的捷克人的奥地利化就是一个例子）。但是，在许多情形下，代价是高昂的。在殖民帝国中，对于一些少数民族，比如大多数欧洲和中东国家的犹太人、美国原住民或美国黑人来说，无论付出什么代价，个人的流动性都不可能超过一定的水平。

在这些情况下，教育流动受到三方面的阻碍：法律－政治歧视；在外国文化的学术环境中运用外语学习的困难；文化自卑的形象影响了自信心，降低了进取心。因此，教育流动不是从个人机会均等的角度来看待的，而是从整个群体机会均等的角度来看待的。每一种屈从情况都是以上三方面的不同组合，而且都需要不同的解决方案。但是，由于人类创造力的局限性，早期的解决方案往往被用在后来的情形中，即使它们最初并不完全令人满意，或者不太适合后来的情形。

在整个 19 世纪，创造平等机会的典型手段是鼓励文化民族主义和政治民族主义的结合。知识分子们发起了促进本国语言、文学和历史的运动，以此作为从强权国（dominant country）获得政治和文化独立，或者获得平等地位（或者二者兼而获之）的基础。这为社会底层知识分子的发展提供了机会，同时潜在地增加了社会下层年轻人的机会，因为对他们来说，比起那些出身上层社会的年轻人，用外语学习是得到良好教育的更大障碍。

德国就是一个范例。虽然德国在 18 世纪并未被外族统治，但是国家在政治上仍然被划分为许多的王国。虽然德国是欧洲面积最大的国家之一，其国力却较英国和法国小。一些王国——特别是普鲁士——的统治者，为了在政治和经济上赶上其他国家做了很大的努力，而在教育和文化上，他们追随法国。法语教育在那个时代被认为是通向上等文化的途径，正如一般意义的欧洲教育对于亚非人民或足迹遍布欧洲和中东的犹太人而言，是通向 19 世纪和 20 世纪上等文化的途径。只有那些赢得了国际声誉，也就是得到处于领先地位的法语圈子认可的人士，如亚历山大 · 冯 · 洪堡，才被认为是一流的知识分子。即使在本国，仅仅面向德国大众的知识分子几乎从定义上来讲就是二流的。18 世纪后半叶的德国知识分子和作家为克服这种不利因素作出了极大的努力。19 世纪初，德国战败，一些王国被拿破仑占领后，普鲁士的统治者认识到，独立于法国的文化，甚至仇视法国的文化都有利于民族解放的斗争，这时这些不利因素最终被移除了。这引发了德国大学的改革，使得德语最终成为学术和科学的主要语言。在改革中，德国的哲学、语言和文学的发展得到了高度重视（Brunschwig，1974；Schnabel，1959）。

这一模式在意大利、匈牙利、波兰、俄罗斯、日本及其他许多国家重复出现，只是略有不同而已。在意大利、匈牙利和波兰的部分地区，反抗活动意欲推翻德国文化的统治地位。相对统一的欧洲文学—哲学文化被打破，变为民族文化的聚合体。这导致了 19 世纪整个欧洲范围内新的大学和高中的建立，或者旧大学的改革；同样的情况也发生在 19 世纪晚期的日本，以及 20 世纪的亚洲其他国家和中东地区。诗歌和小说用之前很少使用的本国语言写作，这些语言和文学作品成为学术研究的主题。随着这些民族的独立，它们建立了自己的法律体系，这在带来新的专门职业的同时，也带来了另一个学术研究领域。近来，随着社会科学日益学术化，关于新兴国家或国家群（如非洲或拉丁美洲国家）的社会结构和地位的研究被纳入学术研究的列表之中，这些研究与实现新老国家之间文化平等的目标直接相关。

这些发展趋势创造了新的学术、文学和专门职业，并且使新兴的知识阶层与文化最发达国家的知识阶层之间达成了象征性平等。因此，在18世纪末19世纪初，德国的作家和哲学家，如歌德、席勒、康德和黑格尔，都成了国际性人物，他们的声名与前代的法国大作家和大哲学家不相上下。其他任何知识分子群体都没能复制德国的成功，但是在大多数欧洲国家和一些亚洲国家，自治的科学、学术和文艺团体建立起来了，且能与英格兰、法国和德国的团体平分秋色。

这种“民族文化的学术改进”的发起人和直接受益者是本土的知识分子。语言的民族化和高等教育中的某些内容赋予他们垄断的地位。在语言、文学、历史、法律和社会科学等领域，他们成为位于领导地位的权威人士。当然，他们在这些领域原先也是权威，不过，在他们本国的文化尚未被认为至少象征性地或潜在地与世界大都市文化[①]平等之前，他们的知识并

① 世界大都市文化（metropolitan culture），指的是处于世界文化中心的国家的文化，如18世纪的法国文化、20世纪的美国文化。这一比喻源自爱德华·希尔斯（Edward Shils）1961年的文章Metropolis and province in the intellectual community。——译者注

没有成为社会地位的来源。本土文化象征性的进步自动地提升了本国知识分子在社会和海外的地位。

这些发展趋势对整个社会的益处是一个更为复杂的问题。总的来说，有两类益处：提升本国文化的质量，以及促进个人的教育流动。

很显然，一种文化的象征性改进并不等同于实质上的进步。在作为典型案例的德国，这种改进是紧随本土文化的重大进步而来的，而在其后的许多例子中，象征性的改进纯粹是依靠政治手段达到的，事先并没有实现本土文化的很大进步——可以说，两者之间存在着天壤之别。事实上，在某些情况下，特别是在非洲和印度，部分原因是难以组织和解释当地遗产，使其适合作为人文主义研究的背景和主题；部分原因是当地民族传统具有多元化，英语或法语被保留为教学语言，并成为文学和历史教育的主要媒介。而外语学习成了高等教育的必要准备，日本、以色列和其他许多国家都非常强调学生必须使用外语资源。

有些国家在学术教学和研究中采用当地语言并使当地文化成为人文教育的中心，而另一些国家则保留着与外国文化的联系。要将这两类国家进行比较是困难的。在经验科学和数学领域，采用本国语言成了一种责任。这些领域是国际性的，需要有一门所有人都能理解的语言，而且从古代以来，就存在着这样一门语言。最初是希腊语，后来是阿拉伯语，再后来则是拉丁语、意大利语、法语、德语和英语。那些学习和实践科学的人，一旦跨越了初级阶段就需要精通当前的国际语言。或许，用各种当地语言进行通俗的科学研究是可能的，用母语思考和讨论科学问题也可能提升个人的创造力，这样，使用本国语言就将对本土科学的水平及国际地位，最终对整个群体的文化地位作出贡献。但是，并没有明确的证据支持这一点。另一方面，“民族化”的科学可能变得落后而狭隘，对整个群体而言弊大于利。19 世纪早期德国的浪漫主义自然哲学的传播就是一个例子，这是对“法国式”定量、精确的方法的反动；此外，极端文化沙文主义的苏联李森科学说（Lysenkoism）[①]的兴起也是一个例子。

将文学、文学史和社会研究民族化，其正当性是显而易见的。成为一个用外语写作的作家比用母语写作要困难得多。此外，对文学和历史文献，或者是现存的社会问题的研究，要求掌握本国语言。进一步说，在这些领域广泛存在着对文学和学术的工作成果感兴趣的外行群体，他们仅仅精通本国语言。

但是，这并不代表基于本国语言的教育对整个群体来说是明确的幸事——即使在前文提到的这些领域中。本国的文学和历史传统可能十分贫乏，在这样的情况之下，其学术化可能会使薄弱的标准和狭窄的视野受到不应有的重视。因此，在这些领域，比起能够带来本土文化地位提升的短期福祉，长期的智识上的伤害或许更大。

决定学术生活的民族化能否对文化质量有所贡献的条件

① 李森科（1898—1976），苏联农学家、生物学家。曾提出与基因学说相对立的遗传学说，并进一步将他的观点普及化而提倡米丘林生物学，从而在思想上与全世界生物学界处于对立的地位。李森科学说认为遗传不仅是被称为“基因”的特殊物质在起作用，而且是与细胞或体内所有的物质都有关系，因此，遗传性是可以控制的。——译者注

是，本国的知识分子能否在与世界大都市的同行们的竞争中证明自己，并在民族化之前就达到国际水平。在 18 世纪晚期和 19 世纪早期的德国学者身上，这样的成功十分显著。他们要求平等的学术尊重的斗争在反抗拿破仑统治的民族斗争之前很久就已开始，他们很久之前就必须证明自己反对普遍主义的标准。

然而，在其他情形中，文化独立的斗争是与民族独立斗争同时开始的，抑或甚至更晚。这是亚洲、非洲和拉丁美洲大多数地方的情况。在这些地方，普适性标准的出现并不受欢迎，因为文化独立的主张并不是基于本国学者和知识分子成就本身的质量，而是基于外部的政治考虑。这样的标准不会产生出追求知识卓越性的动力。事实上，它在知识分子中会滋生出既得利益群体，这个群体会以政治理由和政治手段，将那些可能暴露出自己之无能的外国文化的影响摒弃在外。出于流行的仇外情绪的呼吁，文化上的狭隘主义具有了正当性。

日本在成功地吸收西方学术的同时坚持了文化独立，并以文化独立作为向强大的西方列强争取政治平等的一部分。日本的成功从表面看来，是对这一假设的反驳。但是，细究起来，这一反驳并不是真实的。有效学习和自我完善的传统先于日本教育的改革，这并不是通过建立大学而产生的。在日本，也没有人会奢求，一旦学术机构成立起来，日本的科学家就能要求与同时代的德国或英国科学家平起平坐。事实上，一直以来，日本人极其不愿提出这一主张，他们坚持他们的科学家的成果应该根据最严格的国际标准来评价。因此，日本的教育发展在许多方面都超前于追求国际政治平等的斗争（Dore，1965）。

人们很少能够意识到文化民族主义所带来的伤害。人民作为一个整体，会认同知识分子的斗争，因为他们有一种错误的印象，那就是知识分子代表着大众的利益。在殖民统治或其他统治情况下，人们很少认识到内部的阶级差异。被统治群体的成员有一种内部平等的感觉，因为和整个群体无能而且卑微的外部地位相比，群体内部的差异显得不那么重要了。在某些场合，群体内部的差异可能确实很小，因为他们通常处于受压迫和彼此无差别的状态。因此，本国的民族主义知识分子得到了支持，仿佛他们的利益与广大民众的利益完全一致似的。[①]

然而，这种情况在高等教育民族化之时发生了改变。内部分化不可避免地发生了，这种分化将先进的知识分子（他们中的许多人成为职业的学者）置于脱离其他民众的地位。知识分子和学者们很可能通过降低教育流动性，以及创造出比普适性的世界大都市文化统治之下更为巨大的教育不公，让自己转变为一个能永久存在的特权群体。

争取教育平等的斗争在日益政治化

直到20世纪50年代，在高等教育中公开和有计划地采用

① 文化民族主义所需的代价从未得到准确估算，也没有任何言论表明，在支持知识分子－专家群体通过保护主义的各种形式——包括传播对外国文化甚至是外语的偏见（著名的德国哲学家费希特就是这种保护主义的先驱）——来排除外国文化的竞争的过程中，普通民众付出了这些代价。关于这些代价的一些意见，可以从大学毕业生对于失业的讨论中得到，参见Kotschnig（1937）；另外，关于意大利的情况，参见Barbagli（1974）。文化民族主义实乃知识分子意图获得本国市场垄断地位的运动，这方面的观点可参见Weber（1974，p.179）。

政治或民族主义标准的实例还不多。20世纪二三十年代，欧洲的法西斯主义曾经尝试否认科学中的普适性标准，但影响甚微。这些尝试并非全心全意，在所有相关国家中都遭到了数学家和自然科学家群体的阻碍，他们不愿放弃普适性标准，或者只愿意在自己所从事的领域之外放弃它们。

这一局面在20世纪60年代发生了改变。政治上处于主导地位的国际文化组织（联合国教科文组织是其中最早的和最重要的）的成立营造了这样一种气氛，即科学和学术的标准会被国家任命的政治代表篡夺。在极权主义国家，特别是那些没有科学和学术传统的国家，这些被任命者常常缺乏适当的资格。对于那些以政治代表身份出场的知识分子，官方的国际论坛赋予他们的主张以虚假的知识合法性——因为联合国教科文组织及其他类似的团体形式上来说是非政治的文化组织。这同样影响了非政治的国际科学协会，这些协会处于持续的压力之下并且都不同程度地屈从于这种压力，即以国家代表为基础来选举行政人员及邀请参与者与会。国际科学的政治化极大地削弱了国际科学共同体非正式的、但高度有效的机制，这一机制在最近的三百年中一直在全世界支持和传播着普适性标准。结果，以民族主义为理由，要求国际社会认可的策略比以前任何时候都要有效得多。

发达国家通过教育实现的群体流动性

前面曾提到，“机会均等”（equal opportunity）的含义已从均等的机会（equal chance）转变为均等的份额（equal share）。

国际舞台上这些事态的发展与“机会均等”的阐释变迁是并行不悖、相互对应的。根据这一观点，原则上，任何能够在政治上界定自己的群体，如果其成员在高校学生或教师中所占比例过低，都可以要求对其成员实行公开强制配额。事实上，美国已经为黑人、拉丁裔、女性和亚洲人设立了这样的配额制度，但最后这些人的人数被证明是过多的（原则上，配额也适用于印第安人，但他们的人数太少，无法产生可识别的效果）。

诸如苏联、加拿大等多种族国家也实施配额制，但是这些国家的配额制是建立在种族隔离的基础上的。苏联的加盟共和国和加拿大的省有着显著的民族特征，所以这些国家的问题与独立国家的问题更为相似。俄罗斯与苏联其他加盟共和国的关系是中心与边缘的关系。加拿大的情况更为复杂一些，因为居于统治地位的讲英语的诸省对于讲法语的魁北克省而言，并不是文化中心。这依然是鲜明的民族问题。群体配额的唯一先例是在大学录取时对工人阶级出身的年轻人加以照顾，这在所有东欧国家中都已经推行了几十年。[①] 其他任何国家都没有配额制，但是总体而言，有一种趋势是根据阶级或种族的代表性来监控高等教育系统的表现。

目前还不清楚是什么因素导致了高等教育中社会公正观念的变化。这一变化或许与将研究和知识视为生产资料的观念有关。这一观念在 20 世纪 50 年代和 60 年代早期成了科学和高

① 两次世界大战之间，一些欧洲国家也推行过配额制。与现在的提高少数民族“代表性”的制度有所不同的是，20 世纪二三十年代的配额制意在降低高等教育中少数民族学生——特别是犹太人——的比例。

等教育政策中的支配性教条，它可能会带来对“均等的份额”的要求。如果研究，即新知识的创造，是生产资源的话，那么对知识的研究就赋予学生分享这种资源的权利。因此，今天的教育平等经常被认为与农民的土地配给相类似。

当然，如果农民不懂得如何种植作物，土地配给对他们而言就是无用的。但是他们至少知道，他们能把自己的产出吃掉。在高等教育中，这是不可能的。律师没有客户，便不能靠他（她）的辩护状过活。因此，将专门职业高等教育（professional higher education）扩展到对劳动力的需求之外，势必会导致失业、不充分就业和失落情绪，在两次世界大战之间欧陆国家受过学术训练的群体就遇到了这一问题，某些欧洲国家甚至更早就出现了这一问题。

在“二战”之前，英国和美国已经知道这些情况并采取了相应的措施，因此这两个国家相对来说不受知识分子失业的影响（Ben-David，1963-64；Kotschnig，1937）。然而，20 世纪 50 年代晚期和 60 年代早期的研究热潮，以及政府对研究和高等教育的高额补助改变了这一局面。部分由于这些诱因，部分由于人们普遍认为教育是一种生产资源，英国和美国的大学严重高估了自己作为社会就业机制的效力。这些大学放弃了传统的谨慎态度，根据“对高等教育的需求是无限的”这一假设来行动，高等教育不再仅仅被视作个体流向某一社会地位的渠道，而成为其获得这种地位的承诺。学问被看作是无止境的前沿，能够为所有人提供安身之处。大学似乎成了经济力量的主要来源之一，并且某种程度上也成了政治力量的主要来源之一。神话在波士顿的 128 号公路（Route 128）[①] 周围流传着。在那里，哈佛和麻省理工学院所孕育的以科学为基础的工业，将知识转化为新产品、高收入和新的生活方式。另外流传的还有苏联新兴的科学城新西伯利亚的故事，以及到处关于类似城市的美梦。

这给大学造成了十分危险的局面。只要大学的文凭依旧被视作优越工作的入场券，通过教育获得社会地位提升的希望落空之后，人们便会归罪于没有提供优越工作的社会，而不是大学。当大学被认为是在就业机会的创造和分配中扮演重要角色的最为重要的经济和政治机构时，它便不仅是阶层间怨恨和暴力的来源，还是其攻击的目标。如果说大学是财富和权力的重要来源，那么对大学的掌握和控制就是争取社会优势的斗争中的重要环节。

这一切都使得学者的地位极易招致不满。只要人们依然相信科学能够在相对较短的时间内解决人类的问题，那么对这种地位的嫉妒就不会有公开的表现。人们也许嫉妒科学家们新近得到的地位，但是出于对科学的尊重，他们压制了自己的妒意。但是，对科学的不满一旦浮现，大学就开始被人看作是特

① 波士顿郊区的一条高速公路，长 108 千米，距市中心 16 千米，环绕波士顿呈半圆形，始建于 1915 年。公路两侧的高科技产业密集区被称为“美国的高技术高速公路”，目前聚集了数以千计的研究机构和高科技企业，呈线状分布，并与麻省理工学院、哈佛大学等高校相连。20 世纪五六十年代，联邦政府投入巨资以用于冷战和空间军事竞争的需要，麻省理工学院和 128 号公路成为主要的受益者。到了 1970 年，这里已经成为美国首屈一指的电子产品创新中心。——译者注

权和权力的源头，它很容易成为政治激进分子攻击的对象和要求重新分配的目标。

这为在单一语言和单一民族的社会中向政治性的群体（politically defined groups）介绍“平等接受高等教育”的理念奠定了背景。尽管这与“在各民族间确立教育平等”的理念是一致的，但在要求一个国家内不同群体享有平等的教育份额时，这一理念的两个重要因素——不同的语言和独立的疆域——却缺失了。

这是一个重要的区别。要求承认边缘民族或被统治民族的语言和文化乃学术研究的合法工具和对象，这一点在原则上应该通过那些被广泛接受的普遍主义标准（universalistic terms）来证明是合理的。人们期望通过个人利用新的机会在自己的国家用母语进行学习来提高文化群体的教育地位（即使实际上这种期望并非总能实现——见前文第 173 页）。对一种以前没有被科学方法研究过的文化进行学术研究，是对普遍学问（universal learning）的贡献。

民族群体寻求教育独立的另一个理由是地域问题。文化边缘地区依赖于大都市，可能就得不到应有的教育和专业服务，因为他们的知识精英倾向于中心地区。在边缘国家建立国立大学和其他独立的文化机构可能是抵消这种趋势的一种手段。

在语言同质的社会群体之间——而不是以地域为基础的社会群体之间——要求教育平等缺乏这些理由。相反，它们在另外两个方面是合理的。一个是怀疑大学和其他学术机构的做法不符合他们统一的通用标准，且实际上可能是歧视性的。因此，许多人愿意在教育中尝试群体配额，因为他们觉得这可能有助于消除看不见的障碍和偏见，最终产生更好、更普遍的标准。另一些人则得出结论说，高等教育中不存在普遍的标准，科学和学术的标准仅仅反映了创造这些标准的白人、男性和中产阶级群体的文化偏见。因此，他们认为教育进步是对特权的政治分配。

出于这些考虑，特别是在美国，必须通过高等教育配额来平等对待"不同的群体"——这是与"不同的文化"截然不同的一个概念——的地位的理念已经被广泛接受。所谓的"平权行动计划"（affirmative action programs）[①] 要求大学确保不同的少数族裔及女性在大学的学生、毕业生和职员中拥有"恰当的代表权"。但是，正如已经指出的，这一理念绝非仅限于美国。

政治推动的教育平等化的效果

教育中强制的平等化被广泛接受是新现象，其效果还不可能预测，但是，尽管这一理念——正如今天明确提出的那样——是新生的，但其实践却不是，因此实践的效果是可知的。正如已经指出的，文化独立的主张在某些情况下只对本土知识

---

① 以 1965 年 9 月 24 日签署的第 11246 号政令为开端的计划，是美国政府为改善黑人和女性的社会经济状况、消除教育和就业等领域的种族和性别歧视而颁布的补偿性计划，旨在通过实行特别招生计划、加大对少数民族学生的财政资助、加强补习教育、开设少数民族研究课程等措施来促进少数民族高等教育的发展。黑人是这一计划的主要受益者。——译者注

分子有利，此外，它既不利于本国文化，也没能推动个体的教育流动性。这一主张的结果在多民族国家——诸如苏联和加拿大——也是令人失望的，在这些国家，配额制被应用于在各民族间创造教育平等。受教育程度的差异仍然存在，没有证据表明，如果不采取配额制和其他的群体措施，而是着重努力改善处境不利群体的教育设施和教学，不同族裔群体的受教育程度会更低。因此，我们必须得出这样的结论：作为实现教育快速突破的手段，群体配额制可能会产生令人失望的结果。

一些更加极端的哲学假设宣称，为了消除西方“中产阶级”科学和学术的文化统治，并代之以更加多样的先进文化，必须实现不同民族和种族群体之间的象征性平等。现有的证据并不支持这些极端的主张。任何一个 19 世纪早期以来创立的民族或种族的高等教育系统都不能说明，现代科学和学术纯粹反映了西方的文化偏见。没有一个地方在盛行的所谓西方科学与学术之外产生了新型科学或新型学术。在不同的国家，高等教育和研究的质量存在很大差异，但是内容、方法或认识论层面的假设并没有本质上的不同。据说不同国家的研究风格不同，但是没有人确切知道差别是什么，在这方面提到的所有国家都采纳了“西方的”科学和学术。即便是苏联长达五十多年的建立新文化的努力，也没能导致以不同于所谓的西方资产阶级科学和学术（或艺术）的假设为基础的科学和学术（或艺术）的出现。

因此，不可能以教育或文化理由为配额制作辩护。也许配额制可以作为一种政治手段，通过将高等教育的一部分分配给某些群体来收买他们的好感，并帮助他们融入美国的社会和政治体系。这个问题并不适宜在此展开。但是，需要澄清一点，如果配额制不能消除教育中的不平等，那么它们也不能创造出政治上的善意。事实上，通过激起可能会被挫败的期望，配额制的效果可能适得其反。但是，即使创造政治上的善意的尝试成功了，从长远来看，它对大学依然是有害的。它将肯定大学作为政治机构的效力，鼓励它们为政治目的服务的功用。这很可能导致大学的学术衰落，正如同中世纪大学在政治上的成功导致了它们在中世纪晚期的衰落那样。

矛盾的是，这也会削弱它们作为社会平等机制的有限用途。个人的优秀品质可能在各阶级之间分配不均，但以它为基础的制度仍然创造了很大的流动性，特别是在科学和学问可以自由发展和多样化的情况下。但是，一个被政治上强大的集团用来巩固其地位的高等教育体系很容易成为特权的来源。

结论

一直以来，高等教育似乎主要是个人流动的渠道。同时，它也提升了某些职业的地位，并创造出了新的职业，从而扩大了中产阶级和中上阶层的数量。高等教育作为社会就业分配机制的价值源自教育的成功能够将能力出众者和能力平庸者区分开来，也正因如此，高等教育创造更大公平的潜力是有限的。高等教育能为所有人提供均等的机会，也许还能帮助弱势群体克服先天的教育障碍，但它并不能保证各阶层或其他政治上活跃的群体都能平等地获得教育成功。

然而，比起人们通常所认识到的，高等教育被用来创造不同民族和种族群体之间平等地位的时间更长，应用的背景也更为多样。高等教育在这方面的效果是有限的，此类尝试的结果在许多情况下仅仅是象征性的，甚至是负面的。民族或种族的高等教育机构——无论对于群体的象征性价值是什么——可能导致缺乏专业技能、带政治特性的知识分子群体的出现和地位的巩固。这些群体在高等教育系统中的牢固地位从各方面削弱了系统的效力，同时也将削弱高等教育系统总体上对群体、特别是群体中有能力的学生的教育进步所做的贡献。

只有通过有效地从各个阶层和群体中培养那些有准备、有能力、有上进心的个人，高等教育才能对社会公正作出真正的贡献。因此，教育平等的含义一旦从个人的流动性转变为具有代表性的群体的流动性，就会产生有害的影响。正如我们所看到的那样，朝着教育平等的方向进一步发展仍然是可能的，但前提是教育方法上出现技术进步，并且支出有所增加。这一问题的政治化则试图将人们的注意力从有可能有效的措施上转移开去。

第八章　今日高等教育：问题与挑战

在总结前面分析的今日高等教育状态的内涵时，参照 20 世纪 40 年代以来的一些高等教育增长指标是有帮助的。高等教育向所谓“大众高等教育”的发展始于 20 世纪 20 年代的美国。[①] 其他国家的高等教育进入大众化发展阶段是从 20 世纪 50 年代开始的。1929 年至 1930 年，18 ～ 21 岁的美国青年中有 12% 被大学录取（Harris，1972，pp.412–413），但在 1950 年以前，所有其他国家的高等教育入学率都没有超过 10%（典型的高等教育入学率是 3% ～ 4%）。从 20 世纪 60 年代开始，所有发达国家的高等教育入学率都超过了 10%，其中有些国家的高等教育入学率超过了 20%，而美国的高等教育入学率高于 40%（Harris，1972，p. 435）。另一个观察高等教育迈入大众化发展阶段的指标是入学人数与人口总数的关系：1950 年，只有在美国这一个国家，每 10 万名居民中被大学录取的学生数超过 1000（确切地说是 1508），而大多数国家每 10 万名居民

---

① 作为描述美国高等教育现状的一个术语，大众高等教育（mass higher education）是有些误导性的，因为它暗示着标准的统一以及功能分化的缺失，但事实恰好相反。不过这个术语已经被接受并在文献中被使用。关于从精英高等教育向大众高等教育转型的权威论述，可参考特罗（Trow）1973 年的论文。

中，只有不足 500 名学生被大学录取；而 1966 年，每一个发达的工业国家里每 10 万名居民中都有不少于 1000 名学生被大学录取（在美国，这一录取比率为每 10 万名居民中有 3425 名学生被录取）（Harris，1972，p. 433）。

正如我们所看到的，这意味着全世界的高等教育承担了新的功能。其中有两项为：其一，通过高等教育机构中越来越多样的职业学位课程积极促进职业结构的专业化；其二，培养大批不为任何特定职业而学习的通识学位学生（至少在他们的第一级学位中是如此）。高等教育的这两项新功能在 20 世纪 20 年代，甚至更早些时候，已在美国的大学中确立起来。但在同一时期的其他国家（除了苏联存在部分例外），情况就不同了。其他国家的专业（professions）并不多，而且这些专业也并不情愿扩展其特权。在战前的英国和德国，专业地位（professional status）与某些传统上被认可的学科和领域紧密相连，而且在英国，专业地位还与专业组织的社会地位紧密相连。在法国，需要学术训练的“职业”（occupations）概念更侧重于博学，而不是学科的学习与研究，但是也受到传统的限制。如今这种情况已经改变了。越来越多的职业被赋予了专业地位，总的来说，欧洲比美国更愿意将专业地位扩大到基于研究的新职业（research-based occupations）。现在，专业训练是指对以研究为基础的任何职业的培训，其中就包括教育或社会工作等领域，这些领域的研究并非牢固地植根于公认的科学学科。

对通识学位学生的教育而言，变化同样是显著的。20 世纪二三十年代到欧洲大学求学的学生是为了成为高级公务员、律师、医师、药剂师、工程师、工业化学家、高中老师、经济学家、学者和一些较小专业团体的成员。高等教育培养的毕业生人数与社会的专业需求量相吻合时，二者处于平衡状态。当高等教育培养的毕业生人数超过社会的专业需求量时——这种情况是常常发生的——毕业生则将处于失业且与社会脱节的状态。失业的毕业生绝对人数不多，但是这些毕业生聚集在各国的首都，他们由于表达能力强且联系紧密，因而具有与其人数不成比例的强大政治和文化影响力。政府为解决知识分子的失业问题做了很大努力，但这些努力通常不大成功。但是，尽管一再失败，人们还是理所当然地认为，解决这个问题的办法是在毕业生的供应和对专业工作人员的需求之间建立和保持平衡（Kotschnig，1937）。

当15%或15%以上的适龄人群接受本科教育时，保持这样一种平衡就不大可能了。无论学院是否愿意，它们现在培养的大量学生没有机会成为专业工作人员，甚至在本书所使用的这个术语的扩展意义上也是如此（见第三章）。因此，本书所称的对通识学位学生的教育自20世纪40年代开始成为欧洲（以及欧洲以外的许多地区）高等教育的永久功能之一——事实上，高等教育的这一功能于19世纪末就已在美国实现（Ushiogi，1971）。[①]

其三，高等教育的第三个功能是大学研究的专业化和大规

① 根据Morikazu Ushiogi（1976，pp.4-5），当大学毕业生的数目超过适龄人群的5%时，专业工作人员占大学毕业生的比例会显著下降。

模发展。这一功能——在很大程度上来看——即使在美国也属于高等教育的新功能（只不过这一功能在美国不像它在其他国家那么新而已）。第二次世界大战以前，大学里有着专业化的研究人员和一些有组织的研究，但是专业化研究的程度很低（见第五章表3）。而现在，研究与我们的日常生活息息相关。国民生产总值中有2%～3%用于资助研究，研究也成为农业、医疗、许多制造业部门、教育、社会福利和经济政策制定等领域的日常工作中不可或缺的组成部分。

以上分析的几点高等教育发展趋势并未出现逆转的迹象。尽管大部分地区由于人口因素原因出现了高等教育入学率增长放缓的情况，但中产阶级和上层阶级对高等教育的需求并没有出现显著的下降，而且下层阶级的青年有望继续增加他们进入高等教育的机会。此外，女性正在争取与男性同等的受教育机会，有望进一步增加高等教育入学率。这两种情况应当可以保证几乎所有国家的适龄青年接受大学或学院教育的比例进一步增长。[①] 当然，高等教育招生的绝对人数取决于出生率和经济条件，但大众对高等教育的基本态度没有改变的迹象。

劳动力市场对具有大学学位人员的需求也呈现出增长而不是降低的趋势——至少在美国以外的地区是这样的。这一情况的原因是，世界各地的大学毕业生与其他人争夺那些不必经过大学训练就能胜任的工作，例如公共管理、商业或银行业。已有的经验告诉我们，一旦这种专业化过程开始了，拥有学位

① 这些考量是基于 Carnegie Commission on Higher Education 的一份报告（1971，p.2），这份报告预测，到2000年，美国适龄人群的高校入学率将达到50%。

证书或毕业证书迟早会成为进入那些领域的必需品（Ushiogi，1971）。

同样，对研究的整体需求也很难出现显著下降趋势。当今依赖研究解决各类问题的习惯与往日相比变得更加强烈和广泛，需要解决问题的意识也没有减弱（Boffey，1976）。因此，就外部需求而言，高等教育的长期发展前景是良好的。

但是，正如本书自始至终所关注的，大学在调集内部资源来实现其通识教育和研究的功能时存在一些严重的问题。根据前面几章得出的结论，大学似乎只有一个功能的实现不存在什么困难，那就是专业教育。尽管并不是所有的高等教育体系都能为所有或大多数学生提供有效的专业训练，但它们都能为学生，至少是学有余力的学生提供获得专业知识和技能的机会。而且它们都能接受不时扩展专门职业（professional occupation）范围的可能性。20 世纪 40 年代以来，专业教育中出现的问题都是之前遇到过的问题，而且现存的高等教育结构大体上能够相当好地处理这些变化。

不过大学其他功能的表现就不是这样了。欧洲大陆的高等教育体系不能很好地适应那些没有明确职业目标或学术目标的通识学位学生，这些学生进入大学是为了开阔自己的眼界，发展自己的智识和提升自己的德性。相较而言，美国和英国的大学能够较好地适应这项任务。不过，即使是这些国家的大学，在适应的有效性方面也不如从前了。

大学研究面临着同等严峻的困难。所有的高等教育体系都从事研究工作，但 20 世纪 40 年代发生了根本性变化，即研究生教育和大学研究成了美国大学内半工业化的专门性事业，而且它们与通识教育的联系也减弱了。其他国家都以美国为榜样发展研究生教育和组织大学研究。然而，由于这两种努力与本科生招生人数快速增长同时发生，可是大学的结构并没有随着这种变化作出适当的调整，也没有适当地增加招生经费，因此这些国家在整合研究与教学上遇到了比美国更大的困难。这种情况在近几年里变得更为严峻。只要社会对研究的需求是旺盛的，并且大学财政可以从研究中获益，就有一些补偿措施可以解决研究与大学其他功能融合的困难。但是现在社会对研究的需求降低了，研究变成大学的财政累赘，与此相关的补偿也无以为继。

大学除了要应对其通识教育和研究的拓展功能所带来的困难外，还面临压力：它需要直接参与政治；需要为政治性团体服务，成为他们升迁流动的一个渠道。这些压力都是大学新扩展功能的间接结果。高等教育入学人数的绝对数量增长加强了他们干预政治的可能性；与此同时，大学作为职业安置机制的重要性也随之提升，这直接增强了大学的政治关注度，使人们将大学视为能够创建社会平等的工具。然而，正如我们所指出的，大学只有采取一种与良好的教学与研究相协调的方式，即严谨地思考上述问题，严格遵守招生、教学和研究中的普适性标准，才能为广义范围的政治目的作出贡献。大学要抵制更直接而全面的政治干预的压力，努力重获社会支持，并通过攻克教学与研究中的困难来恢复内在的士气。

改革建议

欧洲大陆高等教育的功能分化

根据现有的分析，欧洲大陆高等教育体系的问题与美国、英国的高等教育体系不同。前者并未认识到大学具有通识教育的功能。略显夸张地说，尽管当今法国和德国的大学有区别，但两国的大学都有大量通识学位学生，都有大量自认为属于文理研究生院的教职人员，而且它们都授予学生具有专门化职业资格证书性质的学位。

欧陆大学抵制大学功能的分化，并且用其他不同类型的学位授予机构来进行补充，这一做法应当是对令人尊敬的中世纪遗产的某些传统特权的保留。教授承担的正式职责很少，除了对同行负有一些不明晰且没什么实质作用的责任外，无须对其他任何人负责。学生同样乐于享有传统的自由，诸如一个非常宽松的学习制度、以大学对警察的治外法权为标志的政治特权、对学生不良行为以“过于年轻”为名予以容忍的政治特权，以及良好的社会地位。尽管良好的社会地位是暂时性的，但是由于大学学习的花费通常是忽略不计的，且大学给予学生丰厚的奖学金、用餐补贴及住房补贴，有时学生从大学中获得的资助甚至超出自己的花费，从而使得这种良好的社会地位易于获得，而且这种社会地位的有效性远远超出学生攻读学位的年限。当然，只有当大学作为一个整体被认为是高深学问和研究的场所时，这种自由才是合法的。实际上，老师和学生在参与上述工作时可以自主地组织工作，而无须过多的教育指导。

这种高深研究和学习的结合只在大学的一小部分人群中得

到了实现。当教师和学生将他们的自由用于研究和学习的原初宗旨时，校园中不做研究也不学习的其他人则合法地将自己的自由变成不合理的特权。于是自由研究型大学的理念——这类大学应该在各个层面将教学与研究统一起来——在那些新的大众型大学中得以保留，尽管情况并不总是证明它是正确的。事实上，法国现在也正式地采用了这种理念，此前法国并不能完全接受这种理念。因此根据 1968 年的改革，法国大学系统的单位称为“教学和研究”单位。矛盾的是，法国大学处理学生对传统的学科教学框架不满这一问题的尝试，是基于教学和研究相统一的理念，而正是这一理念催生出了学科框架。为了使研究型教学更适合通识学位学生，大学创建了跨学科单位，但这是基于对于所有研究——不管是学科性的研究还是跨学科的研究——的误读。学科研究和跨学科研究都需要专业技术知识，而且后者需要的通常比前者更多。“大学是师生共同参与研究的自由共同体”其实是一种神话，法国大学的这种尝试基本上是对这一神话的非理性坚守。正如我们所指出的，这样一个共同体在研究生水平上是可能的。但如若相信这种共同体可以从通识学位学生和教师中产生则纯粹是自欺欺人的想法——要知道，且不说通识学位学生通常对研究准备不足，有些教师也没有为研究做好准备。

现在各国都在力排众议，为实现大学功能分化作出不同的尝试，其中，德国尤其用心。德国尝试将大学、师范学院、工程学院和技工学院合并为综合的高等教育机构（*Gesamthochschule*），另外德国新出台的立法试图对所有中学后教育的教师进行规制。而诸如法国、日本和南斯拉夫这些国家，试图按照美国模式将中学后教育划分为三个层次。预知这些尝试的结果是不可能的，但我们有一个印象，到目前为止，这些实验没有适当考虑高等教育的通识教育功能。这些国家试图赋予某些职业技术教育类型以某种学术地位，但它们仍未接受这样一种观念，即大学应向那些有能力却无明确职业目标的通识学位学生提供有意义且在智力上具有挑战性的教育。第一级学位阶段的通识教育课程如果真的存在，也不是在学术的水平上进行的。这类课程声望不高，且与更高层次的研究的关系也是不明确的。它们被认为是大学的外围部分，就像职业技术课程那样。

但是，将职业课程引入大学与将通识教育引入大学是完全不同的问题。职业课程可以独立于大学的其他部分。只要职业课程可以将学生训练好，那么即使它的标准未达到学术水准，也能很好地实现其功能。无论如何，职业课程对大学整体影响甚微。

通识教育则不能与大学的其他部分隔绝开来。它要提供对于高深研究的品位及观念，还要为那些对研究感兴趣且能够继续深造的学生明智地选择专业之路提供必备的知识和经验。此外，由于通识教育课程面向大量的学生，并且通常作为研究生水平学习的先决条件，所以如果通识教育的功能发挥得不好，则会使老师和学生普遍地产生挫败感。因此，为通识教育学习提供适当的组织和充足的资源是当今所有高等教育系统有效运作的必要条件。欧陆大学不愿承认这一问题的原因已经在前面解释过了（见第四章）。它们既没有像牛津和剑桥的学院结构那样的学术组织，又没有像美国学院院长（the deans and masters of American college）那样的可以维系多学科事业的管理人员，也没有普遍存在于英美顶尖学府中的卓越的博雅教育传统。

20世纪五六十年代，即使在英美等国的大学中，研究事业的增长也削弱了教师将时间投入本科生教育的动力，并降低了学生获得优质的博雅教育的热情。本科生学习逐渐沦为研究生学习的预科课程，不过这种变化只是当时的市场环境暂时偏爱研究的结果。既然那些环境已经改变了，教育通识学位学生的热情又复苏了。不管怎样，这些国家通识高等教育的活力延续至今。高等教育机构中总是有一些对高层次的且专业性并不很强的教育感兴趣的高素质本科生，他们人数众多，足以使杰出教师在本科教学中体验到智识上的回报——事实上，这些教师中有不少人的研究能力也很出色。因此，即使博雅教育在美国许多学院中的质量并不高，并且在英国许多大学里实际上并不存在，但这两个国家都为改善博雅教育质量不佳的状况建设了必要的制度框架。但欧陆国家甚至日本都没有为那些追求卓越通识教育的学生或教师建立起制度框架或激励机制。[①]随着通识学位学生人数比重的逐步增长，他们在学生群体中所占的比例越来越大，如果大学没有能力提升通识教育的水平，使其

① 现在德国、英国等国家为从事非传统型高等教育的教师提供高薪资，并授予头衔，希望以此提高他们在通识教育中的地位。但这样做的结果可能是打击卓越。既然这些教师群体并不是基于出众的成就而被提升为一个类别，他们就会倾向于使自己的工作常规化，并且通过集体谈判而非提供优秀服务的方式来为自己谋取利益。

达到真正的高等教育水平，那么将会降低大学的整体水准，进而最终导致高水平的研究转向非大学型的研究机构。

政治和道德教育

不愿触及通识性高等教育中的智性层面主要是欧洲大陆的一个问题，但拒绝向学生提供道德指导则是所有非极权主义的高等教育体系的共性问题。它们这样做有充足的理由：道德行为的标准是有争议的，而且大学在选择教员时并不依据他们的道德领导能力。

尽管如此，现在有压倒性的观点支持道德教育，即认为许多学生需要这种教育，并且研究机构也需要坚守道德底线，否则它将难以维系。实际上，身处大学中的学生也正在可能的范围内找寻道德认同。

由于大学这种公共机构以及大学的常规课程都遵循价值中立原则，所以这些学生只能到那些不遵循价值中立原则的激进圈子中去找寻道德指导。在这些激进圈子中，学生可以找到自己愿意投身的事业，找到自己认同的群体。这些激进的圈子的意识形态假装自己是科学的，同时他们还声称可以提供相关个人和世界所有问题的"解决办法"。因此，"大学不得在政治和道德问题上持有任何立场"的政策——一项被认为是保持科学的客观性及大学自治的必要条件的政策——所导致的结果却适得其反。只有那些尊重科学自主性的人会遵守这一政策，其他的人并不会如此；那些反对科学自主性的人在试图使大学政治化时感到很自在，而那些赞成科学自主性的人则不为自己的立场辩护，因为这样的辩护将是一种政治行为。因此，许多坚持科学价值中立的系所近年来成为意识形态灌输的中心和革命的细胞（欧洲过去也是如此）。

问题是：我们能对此做些什么呢？科学不能用与对手相同的方法进行反击，并假装提供拯救和道德上的确定性。但它肯定能比最近做得更多。

这个问题的部分原因是对价值中立原则的误解。按照通常的解释，价值中立原则有两层含义：其一，科学论断不受情感因素的影响，它以普遍有效的证据标准为基础且不受外来利益的影响；其二，人们不能从科学的陈述中衍生出道德判断。对价值中立原则的这两层解释都不完全正确。科学论断的准则并不意味着科学家不受某种价值的驱使。采取这些准则本身意味着对真理的追求就是一种价值观，否则这些准则就没有意义。实际上，科学论断并非不带感情的，而恰恰是寻找真理的热情激发了它。一个能够克服自己的经济利益或种族偏见而接受或拒绝一种理论的科学家，并不比一个因对一个女人或一个男人的激情而被迫违背这些利益或偏见的人更超然。而不能从科学的陈述中衍生出道德判断，也是不完全成立的。事实陈述和道德陈述之间是有关系的。因此，一个原理被证明了，或者一个重要的实验结果否定了一个假设而支持另一个假设，就意味着有责任接受被证明的原理或得到支持的假设。所以大学代表着明确的价值取向。价值中立原则并不意味着价值观的缺失，而是其他的价值观服从于对真理的科学探索。科学研究的结果要求人们有义务公开拒绝或接受这些观点，并明白这种拒绝或接受的所有后果。明确地将大学与这些价值观联系在一起，并恪守与这些价值观相一致的言论和行为规范，这本身就在某种程度上填补了大学里的道德空虚感。

但是道德教育的问题不仅仅是缺乏对科学价值的关注。寻找道德教育的学生希望大学可以为他们提供一种全面的、思想上连贯的、有意义的世界观。这当然不能靠科学或学术来提供，而大学不愿采纳社会的或政治的观点也是可以理解的。因为任何此类的承诺都将潜在地威胁到科学的价值中立。但实际上，许多学生都是未成年人，他们在大学学习时需要道德指导，这一事实不容忽视。

正如我们所提议的，解决这个问题的一种可能性应当是使大学更加积极地，并且是在更高的层面上参与到学生的道德和政治的自我教育中来。不过也许有人会考虑一种更为激进的办法，即创建一种公开承诺某一宗教或社会政治价值观的大学。实际上在并不久远的过去——20 世纪 50 年代以前——名列前茅的美国和英国的大学通常都有明显的宗教或社会政治价值观。当时的大学是政治自由的（在十八九世纪的古典意义上），信奉一种宽容的基督教，并且恪守绅士行为及其人生理想。这种道德承诺在 20 世纪 50 年代被放弃。在那些年里，自由民主国家在政治和道德观上达成了深远的共识，因此人们对这方面的内容失去了兴趣。每个人或多或少都认为，理所当然的事情是不值得谈论的，而那些谈论的人通常是无聊的。此外，正如我们已指出的，由于大学选择了这样或那样的价值观，于是就总会出现对这种自由选择的滥用，例如出于宗教或社会原因歧视那些有能力的教师与学生，以及虚伪地支持只被少数人尊重的规范与规则。所以，20 世纪 50 年代的美国和英国学术界也乐意选择道德中立的大学，就像多年前欧洲大陆的学者那样。

然而，很有可能，这些滥用行为本可以得到纠正，而不会消除所有与道德观有关的问题，或更确切地说，将它们转移到地下。不管怎样，道德中立的政策实施得并不成功，也许是到了进行新尝试的时候了。很难说这些新尝试应当采取什么样的形式。主要的问题是，学术研究机构作为一个整体能在多大程度上致力于某种观点。美国的教会学校以及德国和丹麦的新型高等教育机构的经验并不能鼓舞人心。美国教会大学失败的原因是它们代表了相对原教旨主义的宗教观点，对大多数的学生和老师来说意义不大，而且在许多方面与科学的观点不一致。为了克服由此导致的对宗教价值观的冷漠或敌视，这些教会大学试图选取流行的政治或社会意识形态，并假装这些意识形态与其宗教价值观相关。因为实际上二者没有什么相关性，故而导致的结果就是教会大学采用了流行的意识形态，但是其宗教价值观的基础甚至还不如从前牢固。而德国和丹麦的新型高等教育机构的问题在于它们显然不尊重学术自由，而且它们非常歧视持不同立场者。因此它们都不能被看作是科学的高等教育实验。

因此，恪守宗教观点或社会政治观点的大学能否成功，目前还缺乏清晰的证据。或许，在这方面缺乏严肃的实验恰好表明，对高等教育感兴趣的教师或学生很少会恪守某种明确的观点。然而，过去曾恪守某种观点的英国和美国大学，它们在阻止足球流氓行为方面相对比较成功；而欧洲大陆的大学一直没有恪守某种观点，它们也一直未能成功地阻止足球流氓行为。这些都表明，让大学重新尝试去恪守某种观点可能是合理的，只要这种观点与科学的价值观明确一致，而且这些观点将比过去更好地防范歧视、偏见和虚伪。

无论如何，无论是否会出现恪守明确观点的机构，或者机构是否愿意放弃这种恪守，任何机构都不能继续通过误解科学的价值中立来为道德上的不负责任做辩护。大学必须明确表示，它们支持科学的价值观，它们必须采取制度性政策来完成对学生的道德教育。现代大学可以是，也应该是容纳多元化观点的机构；它必须是一个批判性的机构，因为批判是科学内核的一部分。但它不能成为一个道德上愤世嫉俗的机构，就像它在上世纪 60 年代几乎要变成的那样。

重视大学中的道德教育问题，不仅有利于学生和大学，也有利于社会。20 世纪 70 年代，民主社会最严重的弊病之一是道德幻灭和领导力缺乏。这一发展态势的原因之一可能是，大学几乎完全垄断了政治或其他重要行业中的人才培养，实际上却又声明严禁道德教育。在年轻人唯一能够认真对待在他们这一代人的特殊背景下所出现的是非问题的地方，道德关切实际上被推到了地下，只有在极权主义教派的变形中才会浮出水面，在这种变形中，武力和暴力取代了理智上的信念和道德上的担当。大学不能满足于简单地宣称这不关它们的事。

重新界定大学研究的含义

继通识教育之后，大学的功能之中最需要因环境的改变而进行调整的就是研究。大学研究必须确定一个符合实际的增长率，即在许多年的时间里，不能大大超过经济的增长率。在英国和美国，研究要重新建立与通识教育、专业教育的关系。在欧洲大陆这一问题更为艰难，因为如果欧陆按目前的趋势发展下去，未来的大学中是否有研究的一席之地都是个问题。

世界各地的问题很多是经济上的。但是，目前研究中经济紧缩的根源要回溯到 20 世纪 60 年代所产生的对科学增长的本质的误解，以及对研究的经济效用的误解。这些误解的主要表现就是不用“纯粹研究”这一语词去描述“只为发现真理，除此之外别无任何目的”的科学研究，而是用“基本研究”或“基础研究”这样的术语代替。这种术语上的改变意味着，即使一个科学家的动机是“纯”智识的，他 / 她的工作对于更加具有应用性的研究而言也是具有基础意义的。这一观点源于一些宏观经济研究，它们表明，在美国，知识生产和传播方面的投资回报很高。这些研究不过是对于这一问题的初步探索，其普遍适用性尚不确定。但是这种观点流行开来——与社会学文献中的标语，如“后工业”社会或“知识”社会，结合在一起——并促成了科学乌托邦的产生。研究、知识和经济间的关系被设想为一种永恒的流动性。在这个乌托邦里，资本、土地和劳动力失去了重要性，经济的未来看似主要是依靠科学和技术知识。由于人们相信知识将以指数速度增长，因此，为研究提供足够的资源并促进知识的传播就被视为经济增长最重要的条件之一。政府被敦促将高等教育的扩张和研究投资视为其经济政策的一个重要部分（Price，1963，p.111）。由于西方经济在那时发展得很好，所以政府有能力关注这些建议，甚至可以按照这些建议行事。

这在实践中就引起了在原则上支持一切被专家小组认为是具有发展潜力的研究项目的做法，或者换句话来说，像本书之前提到的（见第五章），将同行评议体系变为决策机制。所有的研究，包括“基础”科学研究，都是作为一种生产资源并基于经济理由而得到支持的。于是，研究生院和大学的研究机构被视为生产性单位，而不是大学教学和训练的不可分割的部分。

所有这些关于研究的经济意义，以及有可能通过投资来强制促使知识增长的观点都被夸大了。只有在某些条件下，研究才是一项有益的投资；尽管有人建议尽可能多地投资于研究，把它作为经济发展的基础，但他们很快就能明白，这些建议没有考虑到，在知识生产中——就像在其他任何事情中一样——存在着收益递减的问题（Weinberg，1967，pp. 156−160）。[①]

期待投资本身可以创造知识也完全是不合理的。金钱不能产生新发现，只有一小部分人有望产生新发现。这部分人产生

① 目前还没有对于研究本身投资回报率的定量比较研究。但是鉴于教育投资（知识的获取）的研究结果可以外推到研究投资（知识的创造），它们可以支持收益递减的观点。因此，在欠发达国家，“平均教育投资回报率（19.9%）比平均物质资本回报率（15.1%）要高，而在发达国家情况却相反（前者是8.3%，后者是10.5%）”（Psacharopoulos，1973，p.8）。

新发现也只能等待“时机成熟”，即当解决问题所需的信息和工具已经获得，当这些工具已经或能够由潜在的发现者通过教育和培训组装起来，并且当潜在的发现者的注意力没有被毫无结果的科学传统或时尚转移到无关紧要的问题上之时。当时机成熟，如果潜在的发现者的能力尚未得到利用，那么金钱就具有决定性的重要作用。还有一种可能是，金钱可以帮助增加潜在发现者的数量，同时，因增加投资而获得的新发现将加速“时机的成熟”。但这两种情形所带来的回报很可能会迅速递减。独立的多重发现的悠久历史，以及甚至到了今天，人们可以很容易地发现自己所在领域的每一位科学家都在做什么，并且其他科学家可以对一位同行的研究结果进行提前预测，都表明时机成熟的问题总是很少的（Hagstrom，1965，p. 75；Merton，1973，pp. 343–370）。此外，对科学引用的调查表明，科学生产的逐步增长并没有使科学家实际使用（引用）的知识生产成比例地增长。这很可能是因为，科学家生产的知识没有那么重要（Cole & Cole，1973，pp. 216–234；Price，1963，pp. 53–54，73–82）。以上这些表明，只是在相当狭窄的范围内，投资可以刺激原创性的“基础”知识的生产。

因此，把大学研究当作有组织地——几乎可以说是“工业化地”——生产有经济效用的知识的系统的一部分，这样的观念是站不住脚的。并不是所有研究都具有经济效用；此外，试图抹灭具有经济效用的研究与不具有经济效用的研究这二者间区别的做法，从长远来看只会损害科学。

对这两种科学的支持必须基于不同的标准。应用型研究必须证明是适用的，并且必须由其实际用户（通常是非科学家）来判断其适用性。支持这类研究的理由必须不仅仅是对全球回报的宏观经济计算；在研究和正在实施的问题解决方案之间必须有明确的联系。另一方面，培养应用型和其他类型研究者，以及培养学院和大学教师以教育那些对原创性发现的智力探险感兴趣的学生，所需要的是纯学理研究，在这类研究中，研究者自主决定研究什么，并将自己的发现交予同行评议。对这类研究的支持不能基于对经济整体的潜在益处或对实际问题的解决，因为这类研究是为了解决研究过程中所产生的学术问题，而无须考虑它们是出于理解物理性质或人性的纯认知需求，还是出于各种经济动机或其他的个人动机。

当然，这些并不是确定大学研究资助额度的适用标准。但它们提出了获得和分配资助所需的机制。大学必须重新调整自己的方向，在过去，大学通过研究重新吸收大学毕业生来满足内部市场，致力于解决不断扩张的科学界感兴趣的问题。现在，大学应该转向为外部市场服务。大学须在寻找客户时展现出事业心，以及在通过研究与培训来提供服务时展现出灵活性。这样并不会降低学术标准。世界上一些最知名的理工学院，特别是在欧洲一些工业发达的小国的诸多城市，如苏黎世、代尔夫特、斯德哥尔摩或者特隆赫姆的理工学院，一直在为工业培养学生，雇佣具有生产实践能力的教授，并且参与许多工业研究（Organisation for Economic Co-operation and Development，1973，pp.137–142）。当然，美国的理工学院在20 世纪 50 年代之前也走上了这条发展道路，后来潮流发生了转变，理工学院都突破原有的发展路径而尽可能向基础科学学院发展。如今这种发展态势也逆转了，大学努力将其工作定位于更具有应用性和实践性的培训与研究。

实际上，这并不是要将研究重新定位于更实用的类型上来，而是要重新探索研究能应用到哪些新领域。20 世纪 50 年代产生了太空研究、计算机技术等新兴研究领域。与大学里的研究相比，最初这些领域的研究较为粗糙，也几乎不需要博士学位。最后，由于这些领域的发展以及政府的慷慨资助，这些领域的研究达到了学术水平。由于大学、工业和政府——政府提供了大部分资金——之间是紧密相连的，研究的发展远远超出了经济效用，或者是技术的实用性，尽管从表面看来所有这些都是应用型研究，或者至少是任务导向的基础研究。这导致了不可避免的削减——这种削减的确因普遍的经济困难而加速了，但它不是由总体经济困难造成的。很有可能，对这种研究的失望实际上是由于它陷入了僵局，而不是因为 20 世纪 60 年代末期那段令人狂热的岁月里任何意识形态信念的幻灭。[①]

将研究重点从过度发达的应用领域转向尚未充分发展的应用领域，可能不仅在实践上而且在理论上产生了有益的结果，因为任何解决新问题的科学应用都可能产生新的理论见解。因此，它也将有利于纯科学（pure science）。当然，这种间接的好处尚不足以为纯科学提供坚实的基础。新的见解，无论是来

① 麻省理工学院机械工程系的流体力学实验室从主要从事国防资助项目转向了更多样的任务导向型研究。关于这一转向的饶有意味的分析，可参见 Probstein（1970）。

自实践工作还是来自理论导向的研究，都需要资金并开发其他资源。因此除了支持应用型研究外，还应有支持纯研究（pure research）的机制。

这些机制须履行两大功能。其一是为研究生水平的训练所需要的研究提供常规性的充足资金。由于大学将越来越多地需要培养学生——包括博士生——来完成大学以外的各种任务，高级学生的数量将是估计社会所需的研究生培训规模的一个很好的基础。假设所有培养高级学生的人都必须积极从事研究，那么，我们可以此为起点，评估为了完成常规性教育任务需要多少研究。

当然，有人认为，和纯研究一样，借助应用研究也可以培养出高级学生，而且今天人们强烈地想要接受这一观点。显然，在研究中没有什么特别的优势是不能应用于任何事情的，研究中的“纯粹”本身并不是目的。本书所使用的纯科学的定义也并不是指以自身为目的的“纯粹性”。这类研究可以有直接的实用价值，可能就是受实际利益推动的。这里所建议的就是，研究人员可以自由决定研究哪些问题，而有能力作出评判的同行将主要基于他们的贡献的内在智性价值来评判他们。[①] 由于这种纯研究的功能是整理和推进知识，它的方向和评估必须留给创新者和高深知识的使用者，就像应用研究的方向和评

① 人们也经常使用“非导向研究”（nondirected research）来指代我们在这里所讨论的纯研究（pure research）。不过，我更倾向于使用“纯研究”这一术语，因为由智性关切（intellectual concern）所指引的研究不能被描述为“非导向的”（无明确功用指向的）。

估必须留给企业家和使用者一样。纯研究是否也有助于解决实际问题是次要的考虑，正如对于需要解决实际问题的用户来说，内在的智性贡献是次要的。

事实上，许多学生将成为应用型的科学家与教师，而不是纯研究者，但这一点无关紧要。要将学生培养好去做应用研究或学院教学等高阶的工作，仅靠他们去给在该领域工作的某个人做学徒是不够的。大学需要对大部分学生进行过度训练（由于一些学生将成为高级的科研工作者，所以这些训练对这些学生并不算是过度），使其具有灵活性和理论视野，进而提高他们的工作水平。正如我们在第五章中谈到的，大学需要挑选一些最终不会留在大学系统内，但对研究感兴趣而且具有培养潜力的学生，只有这样，大学的研究才能取得成功。对学生进行过度训练的教师应该与有能力的从业者不同；教师不仅要具备能力，还应是原创型的思想家和某个公认的学术领域里的研究者（当然了，这个公认的学术领域也应使学生更加明晰学习目的）。

其二，除了以上这些常规需求应该予以支持外，纯科学还需要其他的非常规支持。科学的一个特征就是某些最为重要的推进是意料之外的，并且在一开始就难以嵌入某一研究项目。还有一种情况是，一个新想法的发展需要特殊的投资，而这些投资无法按照常规的方式进行预算。支持这种工作是一项必要的职能，需要特殊的机制。

因此，建议大学更加努力地通过研究与培训为客户服务，并非意味着大学应该将所有资源转向实践导向的研究。大学服务于社会，并不是要与工业、议会或政府部门竞争或重复它们的工作，而是应当有效地完成自己的本职工作，即创造并传播高深知识。因此，尽管大学必须鼓励教员对实际问题感兴趣，为社会做咨询，并且考察教师的智识活动是否可以与工业界或其他领域（这些领域最好是愿意为研究付费）感兴趣的研究问题相结合，但大学的主要职责是保证那些培养优秀学生的教师做最高质量的前沿研究。如果大学忽视了这一点，无论做什么，它们都忽视了自身对社会的主要职责。

这一结论也适用于政府和私人资助机构。有人认为，政府和私人资助机构应当鼓励直接为社会服务的研究，而不是纯研究。这其实是一种错误的观点。这一错误的观点曾在 20 世纪 60 年代导致人们对大学的不满。尽管这种观点拒绝使用经济（工业）回报的标准，但它仍然假定只要朝着正确的目标前进，研究必将产生实际的应用价值。然而，实际的应用价值只能来自用户与研究者间的直接接触，因为只有这种接触才能帮助界定真正需要的解决方案的特点，这样才能在给定的时间内将研究应用于现实需求。[①] 通常这类研究能够得到潜在客户的资助，资助方可能是政府部门，也可能是私人企业。此外，纯研究，特别是非常规的纯研究，需要的资助只能来自政府或为此目的而设立的私人基金会。削弱这些基金会资助纯研究的权威性，或瓦解它们的资助能力，将会留下一个严重的经费缺口。

以上这些考虑对于中小型国家支持科学研究特别重要。

---

① Schmookler 指出，有用的发明依赖于需求，而不是依赖于科学知识的进步。（Schmookler，1966）

20世纪五六十年代，欧洲国家将部分或大部分科学预算用于大型的核研究和空间研究项目。这样做是为了追求界定不明晰的军事、技术和科学目标的混合效益，不过其最终的收效很少，且许多项目在投入巨额资金后被中止了。这些领域的技术性应用成果是从工业界启动相关研究后开始出现的（Carmi，1975）。虽然从科学的角度来看，这些工作的某些方面具有很高的价值，但即使在这方面，如果将资金投入大学研究的更均衡的发展中，结果也可能会更好。

结论

根据以上的分析，从长远来看，我们没有理由认为社会对专业训练、通识性高等教育或研究的总体需求将会下降。需求增长的速度已经放缓，并且有必要将研究方向重新定位到新的问题上来——这是一个艰辛而充满风险的过程。但这一切并不能解释在许多学术圈中盛行的危机感和失范感。这主要是由于内部原因，即高等教育系统难以在其现有结构中容纳其新的和扩展的功能。

这些困难，再加上需求放缓，在许多学术圈中引发了混乱以及对“革命性”变革的狂热渴望。和所有的革命者一样，学术领域的革命者想要的是能够消除当前所有困难、预防未来所有困难的变革。其改革建议的实质是将高等教育和研究置于直接的政治控制之下，以便为明确的社会目标服务。在他们看来，这将防止像20世纪60年代那样的夸张增长和不可避免的挫折，以及近年来引起如此多痛苦和冲突的高等教育中真正的或所谓的不公平现象。

然而，如果我们现在的分析是正确的，那么这种“革命性”变革将纯粹是头痛医头，脚痛医脚。没有任何一个新的政治性团体，无论它是由民主选举产生的还是由武力夺权产生的，在决断纯研究是否对社会有益，或什么样的通识性智育或德育最为合适时，会比实际参与研究、教学与学习的个人或机构更明智。因此，将高等教育体系置于直接的政治控制之下，这一尝试的唯一结果就是使高等教育体系的统一性增强，官僚主义更为显著，且更为重视技术性的目标和可测量的指标。实际上，这是法国大革命后拿破仑改革和那些非西方高等教育体系改革后的结果，这些改革基于政治控制原则，并且使高等教育体系服从于明确的社会福利考量。这些考量最后必然导致高等教育体系试图衡量教育和研究的回报，由于这种回报是难以衡量的，故只能基于任何能够被衡量的标准来加以定义。近年来，非西方国家在采纳西方的社会科学时，最为热衷的就是计量经济学或者其他定量取向的科学政策路径，这一现象并非巧合（Rabkin，1974，1976）。因此，这种革命性的补救措施实际上会导致与盛行于 20 世纪 60 年代并造成当前许多困难的谬论完全相同的谬论。

因此，今天需要做的是巩固过去 25 年里发生的根本变化。在各行各业的决策越来越多地依赖研究的社会中，设法使一半的适龄青年接受高等教育，并为社会的研究要求培训人员，塑造思想和锻造思维工具，这是当今高等教育所面临的挑战。没有革命性的捷径可走，只有想象力和耐心工作才能够应对挑战。

参考文献

Albu, Austen: "The Great Consultant and His Heritage" (review article), *Minerva*, vol. 12, no. 2, pp. 327–336, Summer 1975.

Archer, Margaret Scotford (ed.): *Students, University and Society*, Heinemann Educational Books, Ltd., London, 1972.

Armytage, W. H. G.: *Civic Universities: Aspects of a British Tradition*, Ernest Benn, Ltd., London, 1955.

Ashby, Sir Eric: *Universities: British, Indian, African: A Study in the Ecology of Higher Education*, Weidenfeld and Nicolson, London, 1966.

Ashby, Sir Eric: "The Future of the Nineteenth Century Idea of a University," *Minerva*, vol. 6, no. 1, pp. 3–17, Autumn 1967.

Atcon, Rudolf: *The Latin American University: A Key for an Integrated Approach to the Coordinated Social, Economic and Educational Development of Latin America*, ECO Revista de la Cultura de Occidente, Bogotá, 1966.

Baker, Keith Michael: *Condorcet: From Natural Philosophy to Social Mathematics*, The University of Chicago Press, Chicago, 1975.

Barbagli, Marzio: *Disoccupazione Intellectuale e Sistema Scolastico in Italia (1859–1974)*, Il Mulino, Bologna, 1974.

Bartholomew, James Richard: "The Acculturation of Science in Japan: Kitasato Shibasaburo and the Japanese Bacteriology Community, 1885–1920," unpublished Ph.D. dissertation, Stanford University, Stanford, Calif., 1971.

Baxter, James Phinney: *Scientists Against Time*, Little, Brown and Company, Boston, 1946; The M.I.T. Press, Cambridge, Mass., 1968.

Béland, Francois: "Du Paradoxe professionnel: Les Médicins et les Ingénieurs des Années 1800," *European Journal of Sociology*, forthcoming.

Bell, Daniel: "The Measurement of Knowledge and Technology," in E. B. Sheldon and W. E. Moore (eds.), *Indicators of Social Change*, Russell Sage Foundation, New York, 1968.

Ben-David, Joseph: "Professions in the Class System of Present-Day Societies," *Current Sociology*, vol. 12, no. 3, pp. 284–298, 1963–64.

Ben-David, Joseph: *The Scientist's Role in Society*, Prentice-Hall, Inc., Englewood Cliffs, N.J., 1971.

Ben-David, Joseph: *American Higher Education: Directions Old and New*, McGraw-Hill Book Company, New York, 1972.

Ben-David, Joseph, and Abraham Zloczower: "Universities and Academic Systems in Modern Societies," *European Journal of Sociology*, vol. 3, pp. 45–84, 1962.

Billroth, Theodor: *The Medical Sciences in the German Universities*, The Macmillan Company, New York, 1924.

Blank, David M., and George J. Stigler: *The Demand and Supply of Scientific Personnel*, National Bureau of Economic Research, Inc., New York, 1957.

Blanpied, William: "Subjective Impressions regarding Contemporary Trends," *The Ethical and Human Implications of Science and Technology*, Newsletter of the Program of Public Conceptions of Science, no. 8, pp. 136–156, June 1974.

Boffey, Philip M.: "Was There an Anti-Science Backlash?" *Science*, vol. 191, p. 1032, March 1976.

Bourricaud, François: "The French University as a 'Fixed Society,'" *Newsletter: The International Council on the Future of the University*, vol. 2, no. 4, October 1975.

Brunschwig, Henri: *Enlightenment and Romanticism in Eighteenth Century Prussia*, The University of Chicago Press, Chicago, 1974.

Burn, Barbara B.: *Higher Education in Nine Countries*, McGraw-Hill Book Company, New York, 1971.

Busch, Alexander: *Die Geschichte des Privatdozenten*, Ferdinand Enke Verlag, Stuttgart, 1959.

Bush, Vannevar: *Science, the Endless Frontier: A Report to the President*, U.S. Government Printing Office, Washington, D.C., 1945.

Bush, Vannevar: *Endless Horizons*, Public Affairs Press, Washington, D.C., 1946.

Cardwell, D. S. L.: *The Organization of Science in England: A Retrospect*, William Heinemann, Ltd., London, 1957.

Carmi, Menahem: "Shittuf Peula Bemada Vetekhnologiya Bithumei Haatom Vehehalal: Mehkar Mikre Baintegratziya Haeropith"

[European collaboration in nuclear and space research: a case study in European integration], unpublished Ph.D. dissertation, Hebrew University, Jerusalem, 1975.

Carnegie Commission on Higher Education: *New Students and New Places: Policies for the Future Growth and Development of American Higher Education*, McGraw-Hill Book Company, New York, 1971.

Carnegie Commission on Higher Education: *Reform on Campus: Changing Students, Changing Academic Programs*, McGraw-Hill Book Company, New York, 1972.

Carr-Saunders, A. M., and P. A. Wilson: *The Professions*, Oxford University Press, London, 1933.

Clark, Terry Nichols: *Prophets and Patrons: The French University and the Emergence of the Social Sciences*, Harvard University Press, Cambridge, Mass., 1973.

Coben, Stanley: "The Scientific Establishment and the Transmission of Quantum Mechanics to the United States, 1919–32," *American Historical Review*, vol. 76, no. 2, pp. 442–466, April 1971.

Cole, Jonathan R., and Stephen Cole: *Social Stratification in Science*, The University of Chicago Press, Chicago, 1973.

Commonwealth Universities Yearbook (title varies), The Association of Commonwealth Universities, London, 1936, 1952, 1962, 1973, 1974.

Conseil de l'Europe, Committee for Higher Education and Research: *Symposium on Reform and Planning of Higher Education, Oxford, 31 March–5 April 1974: Final Report*, File no. 3.1.1–2.2.2, Strasbourg, May 20, 1974. (Mimeographed.)

Crosland, Maurice: *The Society of Arcueil*, Harvard University Press, Cambridge, Mass., 1967.

Davis, James A.: *Great Aspirations: The Graduate School Plans of American College Seniors*, Aldine Publishing Company, Chicago, 1964.

Davis, James A.: *Undergraduate Career Decisions*, Aldine Publishing Company, Chicago, 1965.

Denison, Edward F.: *The Sources of Economic Growth in the U.S.*, Committee on Economic Development, New York, 1962.

Domes, Jürgen: "Current Problems in German Higher Education," *Newsletter: The International Council on the Future of the University*, vol. 3, no. 1, February 1976.

Domes, J., and A. P. Frank: "The Tribulations of the Free University of Berlin," *Minerva*, vol. 13, no. 2, pp. 183–199, Summer 1975.

Dore, Ronald R.: *Education in Tokugawa Japan*, University of California Press, Berkeley, 1965.

Duncan, Beverly: "Trends in Output and Distribution of Schooling," in E. B. Sheldon and W. E. Moore (eds.), *Indicators of Social Change,* Russell Sage Foundation, New York, 1968.

Durkheim, Emile: *Suicide,* The Free Press, Glencoe, Ill., 1951.

DuShane, Graham: "The Long Pull," *Science,* vol. 126, no. 3281, p. 997, Nov. 15, 1957.

Flexner, Abraham: *Medical Education in Europe,* Carnegie Corporation, New York, 1912.

Flexner, Abraham: *Medical Education: A Comparative Study,* Macmillan, New York, 1925.

Flexner, Abraham: *Universities: American, German, English,* Oxford University Press, New York, 1930.

Floud, Jean E., A. H. Halsey, and F. M. Martin (eds.): *Social Class and Educational Opportunity,* William Heinemann, Ltd., London, 1956.

Folger, John K., Helen S. Astin, and Alan E. Bayer: *Human Resources and Higher Education,* Russell Sage Foundation, New York, 1970.

Foster, Philip: "False and Real Problems of African Universities," *Minerva,* vol. 13, no. 3, pp. 466–478, Autumn 1975.

Freeman, C., and A. Young: *The Research and Development in Western Europe, North America and the Soviet Union: An Experimental International Comparison of Research Expenditures and Manpower in 1962,* Organisation for Economic Co-operation and Development, Paris, 1965.

Freeman, Richard B.: *The Market for College-Trained Manpower: A Study in the Economics of Career Choices,* Harvard University Press, Cambridge, Mass., 1971.

Freeman, Richard B., and David W. Breneman: *Forecasting the Ph.D. Labor Market: Pitfalls for Policy,* National Board on Graduate Education, Washington, D.C., April 1974.

Gagliardi, E.: *Die Universität Zürich 1833–1933 and ihre Verläufer,* Verlag der Erziehungsdiretion, Zurich, 1938.

Gallup, George: "The Impact of College Years: Part 2," *The Gallup Poll,* Princeton, N.J., released May 19, 1975. (6 pages.)

Gerth, H. H., and C. Wright Mills (eds.): *From Max Weber: Essays in Sociology,* Oxford University Press, New York, 1946.

Gillispie, A.: "English Ideas of the University in the 19th Century," in M. Clapp (ed.), *The Modern University,* Cornell University Press, Ithaca, N.Y., 1950.

Grimm, Tilemann: *Erziehung und Politik im konfuzianischen China der Ming Zeit (1368–1644): Mitteilungen der Gesellschaft für Natur and*

Völkerkunde Ostasiens, vol. 35B, Kommissionsverlag Otto Harassowitz, Wiesbaden, Hamburg, 1960.

Gruber, W., D. Mehta, and R. Vernon: "The R&D Factor in International Trade and International Investment of United States Industries," *Journal of Political Economy*, vol. 75, no. 1, pp. 20–37, 1967.

Guerlac, Henri: "Science and French National Strength," in Edward Mead Earle (ed.), *Modern France*, Russell and Russell, New York, 1964.

Gustafson, Thane: "The Controversy over Peer Review," *Science*, vol. 190, no. 4219, pp. 1060–1066, Dec. 12, 1975.

Gustin, Bernard: "The Chemical Profession in Germany," unpublished Ph.D. dissertation, University of Chicago, Department of Sociology, 1975.

Hagstrom, Warren O.: *The Scientific Community*, Basic Books, Inc., Publishers, New York, 1965.

Hahn, Roger: *The Anatomy of a Scientific Institution: The French Academy of Sciences, 1666–1803*, University of California Press, Berkeley, 1971.

Halsey, A. H., Jean E. Floud, and C. Arnold Anderson (eds.): *Education, Economy and Society*, The Free Press of Glencoe, Inc., New York, 1961.

Halsey, H. H., and M. A. Trow: *The British Academics*, Harvard University Press, Cambridge, Mass., 1971.

Hans, Nicholas: *New Trends in Education in the Eighteenth Century*, Routledge & Kegan Paul, Ltd., London, 1951.

Harris, Seymour E.: *A Statistical Portrait of Higher Education*, McGraw-Hill Book Company, New York, 1972.

Hauser, Robert M., "Review Essay: On Boudon's Model of Social Mobility," *American Jounal of Sociology*, vol. 81, no. 4, pp. 911–928, January 1976.

Hoggart, Richard: "UNESCO in Crisis: The Israel Resolutions," *Universities Quarterly*, vol. 30, no. 1, pp. 15–23, Winter 1975.

Hutchins, Robert M.: *The Higher Learning in America*, Yale University Press, New Haven, Conn., 1936.

Irsay, Stephen D': *Històire des Universités françaises et étrangères*, Picard, Paris, 1935, vol. 2.

Jamous, H., and B. Peloille: "Professions or Self-perpetuating Systems? Changes in the French University Hospital System," in J. A. Jackson (ed.), *Professions and Professionalization*, Harvard University Press, Cambridge, Mass., 1970.

Johnson, Paul: "The Destructive Pressure of 'An Incantation of Deceiving Spirits,'" *The Times Higher Education Supplement*, Oct. 31, 1975, p. 13.

Kahl, Joseph A.: *The American Class Structure*, Rinehart & Company, Inc., New York, 1959.

Kedouri, Elie: "Arab Political Memoirs," *Encounter*, vol. 39, no. 5, pp. 70–83, November 1972.

Keesing, D. B.: "The Impact of Research and Development on United States Trade," *The Journal of Political Economy*, vol. 75, no. 1, pp. 38–48, 1967.

Kerr, Clark: *The Uses of the University*, Harvard University Press, Cambridge, Mass., 1963.

Klein, Felix: "Mathematik, Physik, Astronomie," in W. Lexis (ed.), *Die Universitäten im deutschen Reich*, Asher, Berlin, 1904, vol. 1, pp. 243–266.

Kohler, R.: "The Background to Edward Büchner's Discovery of Cell-free Fermentation," in *Journal of Historical Biology*, vol. 4, no. 1, pp. 35–61, 1971.

König, René: *Vom Wesen der deutschen Universität*, Wissenschaftliche Buchgesellschaft, Darmstadt, 1970.

Kotschnig, Walter Maria: *Unemployment in the Learned Professions*, Oxford University Press, London, 1937.

Kundt, A.: "Physik," in W. Lexis (ed.), *Die deutschen Universitäten*, Asher, Berlin, 1893, vol. 2, pp. 25–35.

Ladd, E. C., and S. M. Lipset: *The Divided Academy: Professors and Politics*, McGraw-Hill Book Company, New York, 1975.

Liard, Louis: *L'enseignement Superieur en France: 1789–1889*, Armand Colin et Cie, Editeurs, Paris, vol. 1, 1888; vol. 2, 1894.

Lipset, Seymour Martin: *The First New Nation*, Basic Books, Inc., Publishers, New York, 1963.

Lipset, Seymour Martin: *American Student Activism in Comparative Perspective*, U.S. Department of Labor, Manpower Administration, Washington, D.C., 1969.

Lipset, Seymour Martin (ed.): *Student Politics*, Basic Books, Inc., Publishers, New York, 1967.

Lipset, S. M., and S. S. Wolin: *The Berkeley Student Revolt*, Doubleday & Company, Inc., Anchor Books, Garden City, N.Y., 1965.

Lipset, S. M., et al.: "The Psychology of Voting: An Analysis of Political Behavior," in Lindzey Gardner (ed.), *Handbook of Social*

Psychology, Addison-Wesley Press, Inc., Cambridge, Mass., 1954, vol. 2, pp. 1124–1175.

McKie, Douglas: *Antoine Lavoisier: Scientist, Economist, Social Reformer*, Henry Schuman, Inc., Publishers, New York, 1952.

Mannheim, Karl: *Man and Society in an Age of Reconstruction*, Harcourt, Brace and Company, Inc., New York, 1944.

Marshall, T. H.: *Citizenship and Social Class*, Harvard University Press, Cambridge, Mass., 1950.

Merton, Robert K.: *The Sociology of Science: Theoretical and Empirical Investigations*, The University of Chicago Press, Chicago, 1973.

Mesthene, Emanuel G. (ed.): *Ministers Talk about Science*, Organisation for Economic Co-operation and Development, Paris, 1965.

National Education Association: *Teacher Supply and Demand in Universities, Colleges, and Junior Colleges, 1957–58, 1958–59,* and subsequent reports at two-year intervals, Washington, D.C., 1959, 1961, 1963, 1965.

National Science Foundation: *American Science Manpower, 1970: A Report of the National Register of Scientific and Technical Personnel*, NSF 71-45, Washington, D.C., December 1971.

National Science Foundation: *Science Indicators 1974: Report of the National Science Board, 1975*, Washington, D.C., 1976.

"News of Science," *Science*, vol. 126, no. 3277, p. 740, Oct. 18, 1957*a*.

"News of Science," *Science*, vol. 126, no. 3280, p. 965, Nov. 8, 1957*b*.

Okada, Yuzuru: "Introduction," to special issue, "Japanese Intellectuals," *Journal of Social and Political Ideas in Japan*, vol. 2, no. 1, pp. 2–7, April 1964.

Organisation for Economic Co-operation and Development: *Reviews of National Science Today—France*, Paris, 1966.

Organisation for Economic Co-operation and Development: *The Overall Level and Structure of R&D Efforts in OECD Member Countries*, Paris, 1967*a*.

Organisation for Economic Co-operation and Development: *Reviews of National Science Policy: United Kingdom and Germany*, Paris, 1967*b*.

Organisation for Economic Co-operation and Development: *Reviews of National Science Policy: United States*, Paris, 1968.

Organisation for Economic Co-operation and Development: *Innovation in Higher Education: Reforms in Yugoslavia*, Paris, 1970.

Organisation for Economic Co-operation and Development: *Development of Higher Education 1950–1965: Analytical Report*, Paris, 1971.

Organisation for Economic Co-operation and Development, Centre for Educational Research and Innovation (CERI): *Interdisciplinarity: Problems of Teaching and Research in Universities*, n.p., 1972.

Organisation for Economic Co-operation and Development: *The Research System*, Paris, 1973, vol. 2.

Organisation for Economic Co-operation and Development: *The Research System*, Paris, 1974*a*, vol. 3 (Canada, United States, Conclusions).

Organisation for Economic Co-operation and Development: *Structure of Studies and Place of Research in Mass Higher Education*, Paris, 1974*b*.

Organisation for Economic Co-operation and Development: *Towards Mass Higher Education: Issues and Dilemmas*, Paris, 1974*c*.

Orlans, Harold: *The Effect of Federal Programs on Higher Education: A Study of 36 Universities and Colleges*, The Brookings Institution, Washington, D.C., 1962.

Orlans, Harold (ed.): *Science, Policy and the University*, The Brookings Institution, Washington, D.C., 1968.

Parsons, Talcott: "Age and Sex in the Social Structure of the United States (1942)," *Essays on Sociological Theory*, The Free Press, Glencoe, Ill., 1949; rev. ed., 1954.

Paulsen, Friedrich: *Geschichte des Gelehrten Unterrichts*, Verlag von Veite Company, Leipzig, 1897, vol. 2; 3d ed., Walter de Gruyter and Co., Berlin, 1921.

Paulsen, Friedrich: *Die deutschen Universitäten und das Universitätstudium*, 1902; reprint ed., Georg Olms Verlags Buchhandlung, Hildesheim, 1966.

Peterson, Richard E., and John A. Bilorusky: *May 1970: The Campus Aftermath of Cambodia and Kent State*, Carnegie Commission on Higher Education, Berkeley, Calif., 1971.

Piobetta, J. B.: *Les Institutions Universitaires en France*, Presses Universitaires de France, Paris, 1951.

Pipes, Richard: "The Historical Evolution of the Russian Intelligentsia," *The Russian Intelligentsia*, Columbia University Press, New York, 1961.

Poignant, Raymond: *Education and Development in Western Europe, the United States, and the U.S.S.R.: A Comparative Study*, Teachers College Press, Columbia University, New York, 1969.

Price, Derek J. de Solla: *Little Science, Big Science*, Columbia University Press, New York, 1963.

Probstein, R. F.: "Reconversion and Academic Research," in Allen Jonathan (ed.), *March 4: Scientists, Students, and Society*, The M.I.T. Press, Cambridge, Mass., 1970.

Prost, Antoine: *Histoire de l'Enseignement en France: 1800–1967*, Librairie Armand Colin, Paris, 1968.

Purver, Margery: *The Royal Society: Concept and Creation*, Routledge & Kegan Paul, London, 1967.

Psacharopoulos, G., assisted by Keith Hinchliffe: *Returns to Education: An International Comparison*, Jossey-Bass Inc., Publishers, San Francisco, 1973.

Rabkin, Y. M.: "Origines et développement de la recherche sur la recherche en Union Soviétique," *Le Progrès Scientifique*, vol. 170, pp. 39–51, 1974.

Rabkin, Y. M.: "Naukometricheskie issledovania v khmii [Scientometric Studies in Chemistry]. Moskva: izd, Moskogovskogo Universiteta, 1974, 136 pp., 33 kop," (review article), *Social Studies of Science*, vol. 6, no. 1, pp. 128–132, February 1976.

Reader, William Joseph: *Professional Men: The Rise of the Professional Classes in Nineteenth Century England*, Basic Books, Inc., Publishers, New York, 1966.

Ringer, Fritz: *The Decline of the German Mandarins: The German Academic Community, 1890–1933*, Harvard University Press, Cambridge, Mass., 1969.

Roszak, Theodore: "The Monster and the Tital: Science, Knowledge and Gnosis," *Daedalus*, vol. 103, no. 3, pp. 17–32, Summer 1974.

Rueschemeyer, Dietrich: *Lawyers and their Society*, Harvard University Press, Cambridge, Mass., 1973.

Sanderson, Michael: *The Universities and British Industry, 1850–1970*, Routledge & Kegan Paul, London, 1972.

Schmookler, Jacob: *Invention and Economic Growth*, Harvard University Press, Cambridge, Mass., 1966.

Schnabel, Franz: *Deutsche Geschichte im neunzehnten Jahrhundert*, Verlag Herder, Freiburg, 1959, vol. 1, vol. 3.

Schumpeter, Joseph A.: *Capitalism, Socialism and Democracy*, Harper & Brothers, New York, 1947.

Sekine, Thomas T.: "Uno-Riron: A Japanese Contribution to Marxian Political Economy," *Journal of Economic Literature*, vol. 13, no. 3, pp. 847–877, September 1975.

Sewell, William H., and Vinnal P. Shah: "Socioeconomic Status, Intelligence and the Attainment of Higher Education," *Sociology of Education*, vol. 40, no. 1, pp. 1–23, Winter 1967.

Shils, Edward: "Authoritarianism: 'Right' and 'Left,'" in R. Christie and M. Jahoda (eds.), *Studies in the Scope and Method of the Authoritarian Personality*, The Free Press, Glencoe, Ill., 1954.

Shils, Edward: "The Implantation of Universities: Reflections on a Theme of Ashby," *Universities Quarterly*, vol. 22, no. 2, pp. 142–166, Spring 1966.

Shils, Edward: "The Intellectuals and the Future," and "Plenitude and Scarcity: The Anatomy of an International Cultural Crisis," *The Intellectuals and the Powers*, The University of Chicago Press, Chicago, 1972.

Shimbori, Michiya: "Zengakuren: A Japanese Case Study of a Student Political Movement," in *Sociology of Education*, vol. 37, no. 3, pp. 229–253, Spring 1964.

Shimbori, Michiya: "The Sociology of a Student Movement: A Japanese Case Study," *Daedalus*, vol. 97, no. 1, pp. 204–228, Winter 1968.

Shimbori, Michiya: "Comparison Between Pre- and Post-War Student Movements in Japan," *Sociology of Education*, vol. 37, no. 1, pp. 59–70, Fall 1973.

Silvert, Kalman H.: "The University Student," in John J. Johnson (ed.), *Continuity and Change in Latin America*, Stanford University Press, Stanford, Calif., 1964.

Sloan, Douglas: *The Scottish Enlightenment and the American College Ideal*, Teachers College Press, Columbia University, New York, 1971.

Spurr, Stephen: *Academic Degree Structures: Innovative Approaches*, McGraw-Hill Book Company, New York, 1970.

Stinchcombe, Arthur L.: "Some Empirical Consequences of the Davis-Moore Theory of Stratification (1963)," in Reinhard Bendix and Seymour Martin Lipset (eds.), *Class, Status and Power*, 2d ed., The Free Press, New York, 1966.

Taton, René (ed.): *Enseignement et diffusion des sciences en France au XVIIIe siècle*, Hermann & Cie, Paris, 1964.

Trow, Martin: *Problems in the Transition from Elite to Mass Higher Education*, paper prepared for a conference on mass higher education held by the Organisation for Economic Co-operation and Development in Paris in June 1973.

Truscot, Bruce: *Redbrick University*, Faber & Faber, Ltd., London, 1943.

U.S. Bureau of the Census: *Statistical Abstract of the United States*, 1957, 1967, 1972.

U.S. Office of Education: *Earned Degrees Conferred by Higher Educational Institutions*, no. 262, November 1949.

U.S. Office of Education: *Earned Degrees Conferred by Higher Educational Institutions*, no. 570, May 1959.

U.S. Office of Education: *Earned Degrees Conferred: 1967–68, Part A—Summary Data*, 1969.

U.S. Office of Education: *Earned Degrees Conferred: 1970–71*, 1973.

Ushiogi, Morikazu: "A Comparative Study of the Occupational Structure of University Graduates," *The Developing Economies*, vol. 9, no. 3, pp. 350–368, September 1971.

Ushiogi, Morikazu: "The Japanese Student and the Labor Market," n.p., n.p., 1976. (Mimeographed.)

Veysey, Laurence R.: *The Emergence of the American University*, The University of Chicago Press, Chicago, 1965.

Weber, Max: *From Max Weber: Essays in Sociology*, ed. H. H. Gerth and C. Wright Mills, Kegan Paul, Trench, Trubner & Co., Ltd., London, 1947.

Weinberg, M. Alvin: *Reflections on Big Science*, The M.I.T. Press, Cambridge, Mass., 1967.

Worms, Jean-Pierre: "The French Student Movement," in Seymour Martin Lipset (ed.), *Student Politics*, Basic Books, Inc., Publishers, New York, 1967.

Worthington, Peter: "The Secret Czech Report," *The Toronto Sun*, Nov. 25, 1975, p. 11.

Yesufu, T. M. (ed.): *Creating the African University: Emerging Issues of the 70's*, Oxford University Press, Ibadan and London, 1973.

Yuasa, Mitsutomo: "The Shifting Center of Scientific Activity in the West: From the 16th to the 20th Century," in Shigeru Nakayama, David L. Swain, and Yagi Eri (eds.), *Science and Society in Modern Japan*, pp. 81–103, The M.I.T. Press, Cambridge, Mass., 1974.

Zeldin, Theodore: "Higher Education in France, 1848–1940," *Journal of Contemporary History*, vol. 2, no. 3, pp. 53–80, 1967.

Zloczower, A.: *Career Opportunities and the Growth of Scientific Discovery in 19th Century Germany* (with special reference to physiology), Occasional Papers in Sociology, the Hebrew University of Jerusalem, 1966.

翻译分工

序言一　沈文钦译

序言二　沈文钦译

第一章　沈文钦译

第二章　沈文钦、徐守磊译

第三章　徐铁英、张颀、孙永臻译，沈文钦校

第四章　秦琳、孙永臻、沈文钦译，沈文钦、孟硕洋校

第五章　吴重涵、沈文钦、边国英译，沈文钦校

第六章　沈文钦译

第七章　朱知翔译

第八章　崔景颐译

沈文钦、陈洪捷校对全书，并编写了全书的译者注。孟硕洋参与了部分校对工作